商周學院

視野、膽識、思考力，競爭未來的學習

絕對成交勝經

讓三個月新人擁有三年銷售功力

張敏敏 — 著

推薦序

給顧客美好的銷售旅程

黃美玲

近幾年美妝興起，女人要美麗，是千古不變定律，但隨著韓風席捲全球，男性在保養上也不遑多讓。美妝、精品市場蓬勃發展，不僅台灣，中國更是每年以兩位數增長，對人力的需求也是倍數成長。美妝精品業不但要人，更要高品質的服務人員，但就像多數產業一樣，「人」永遠是最難得到的，唯有透過培訓再培訓，才能找到並留下最適合的人。

我從事美妝精品數十年來，發覺不管是台灣還是中國，人才永遠是產業的主要競爭力。很多同業問我，如何才能達到培訓效果？如何透過銷售人員傳遞品牌精神進而銷售滿分？這些問題都是品牌最主要的要求，但要如何做到？照本宣科式的訓練根本無濟於事，要淺顯易懂並能讓銷售人「知易行易」，才是銷售培訓的最高境界。

從事美妝精品多年，有幸在數年前認識擁有美、日、法三國訓練血統的張敏敏老師。日系訓練要求細緻，美系訓練重結構性，和法系訓練講究精準度，都在敏敏老師的演講和做法中，一一展現。在本書中，敏敏老師展現獨特的培訓手法，庖丁解牛般的將上述銷售難題一一解密，擁有理論及實務經驗的敏敏，將消費者的心理轉折化成銷售人員的實戰作法，讓三個月的新人可擁有三年的銷售功力。

而敏敏在書中提點，任何主管都需要知道銷售人員的心理素質及變化，有了這本寶典，讓主管對銷售人員現場做戰的壓力，有更深一層的體認，進而對管理工作更能得心應手，因為在用「心」待客的同時，同仁之間也要用「心」，才能讓銷售團隊更有向心力。

本書以深入淺出的方式，點出精品業界消費者及銷售人員的「江湖一點訣」，讓人有先睹為快的快感，是任何與銷售相關的人員一定要閱讀的，食品、電器、美妝、精品……對銷售有興趣的人，都會獲益良多。

書中提到銷售人員所扮演的角色就是「陪顧客走一段美好的旅程」，看完本書後，我也走了一段「銷售的美好旅程」。

（本文作者為今銳企畫行銷總經理，前 LVMH 集團 Givenchy 紀梵希台灣區品牌總經理）

推薦序

成功，有路！

陶淑貞

二〇一二年十月經由客戶推薦，見到了既陌生又熟悉的張敏敏老師。作為一家擁有口碑且被客戶信賴的管理顧問公司，只要顧客點名，我們就必須千方百計去尋找這位傳說中的講師。

從事管理顧問二十多年，見過無數顧問、專家，我始終相信：好的講師都具備一定特質：積極熱情、經驗豐富、脈絡清晰、唱作俱佳。一見敏敏老師，我的直覺是：沒錯，就是她，難怪客戶指定。

爽朗的笑聲，幽默風趣的口條，談起美日法化妝品業的往日輝煌，眉飛色舞。老師更以自信又專業的口吻，暢談一路從內訓講師、專櫃銷售到公關經理的繽紛資歷，當下我即已預見盟亞在兩岸三地將添增一位名師。

兩年來盟亞團隊從台北、上海到廈門，與敏敏老師通力合作，締造無數佳績，更改變了許多學員在銷售及服務的想法和展現。誰說服務難以衡量、不易呈現，敏敏老師就是有辦法用清晰易記的快速記憶法，讓人想忘都難。

都說最難捉摸的是消費者的想法，那可不，在《絕對成交勝經》書中，敏敏老師舉了大量親身經歷的實務操作，有感性認同、有理性解析，有顧問式說服技巧，更有緊抓顧客需求背後想望的洞察。完全將自己曾經走過的路徑，清晰而有結構的逐一整理。這是一本讓人想一口氣讀完的成功銷售的法門。

人生，「沒有柔軟就沒有精進，沒有熱情就沒有空間」，在敏敏老師身上完全展現，她從不喊累，絕不抱怨的敬業精神，讓人打心底敬佩。猶記二〇一三年中，十幾場巡迴培訓正如火如荼展開之際，傳來老師母親住進加護病房的消息，天人交戰的時刻，任誰都難以如常演出，但是，敏敏老師選擇暫時關機，全力扮演好舞台上那位盡情揮灑、專心教導的老師角色。做什麼像什麼，等中國跑完一圈，即刻奔回台灣，陪伴母親度過最後時光。

敏敏老師示範了成功可以複製，只要用心、得法，人生之路將不只一條。老師，謝謝您，銷售，不是技巧，而是態度。您用生命譜寫的好書，特此推薦。

（本文作者為盟亞企業管理顧問總經理）

推薦序

重新思考銷售價值與技巧

余維斌

因為推動客戶服務文化而與敏敏老師結識，在此之前也曾耳聞她的專業與教學品質，經過幾次和敏敏老師聚焦討論後，進一步了解到敏敏老師的獨特與創新，更在合作後體悟到老師的認真與堅持。

宜特科技是第三方驗證實驗室，我們兢兢業業的做好每一步，也自詡為客戶導向的服務平台。我們的客戶來自電子產業上中下游公司，雖然屬B to B產業，但我們服務的對象是各家公司眾多的研發人員或品保等工程人員，所以我們有B to B to C的產業特性。因此，服務業的核心價值——客戶服務，理所當然也是宜特人應具備的DNA。

服務DNA，說起來簡單，要落實卻不容易。宜特自二〇〇八年起推動「客戶至上」企業文化，展開各項活動與開辦課程，就是希望除能營造客戶至上氛圍，甚至將客戶服務精神深植於同仁心中，改變同仁的思維與行為。幾年下來，雖有成效，但總覺得尚欠缺全面或具體之行為展現。在經過數次檢討並訂定明確成果指標後，敏敏老師大膽接受這個挑戰，要為宜特打通服務的任督二脈。

敏敏老師給宜特的支持就如同她在書中所傳授的銷售心法——放棄纏鬥力，只有先放棄這些虛假，端出訓練有素的專業，站在顧客立場，思考業務對策，才能贏得顧客。為了更加了解宜特，敏敏老師化身宜特的好學生，努力了解宜特所處的產業鏈、服務流程與價值、專業用語，與我們站在同一陣線，她所設計的課程與活動切實滿足宜特的需求，專案效益也日漸發酵中，因此除了贏得我們的認同，也成為我們的依賴。

敏敏老師以十五年的實務經驗，和不藏私的態度，傳授超級銷售功力。要我們扎實的從根做起——「先學會放棄」，不要只想著自己的產品，不要只想著這次就要銷售成功。要我們認知這是一個「心銷售時代」，讓我們了解客戶要買的不只是產品，更是感覺，從認知改變；再給我們一套實用的銷售工具——「銷售五步驟」，讓我們複製跟運用。

本書堪稱是銷售業的葵花寶典，只要照著本書練功，並實際體驗，一定可以感受到這套心法的力量。對於不管是新踏入銷售業務的你，或是已經熟悉銷售工作的你，本書都可以帶給你新的銷售思維，並成為你重新思考銷售價值與技巧的楔子，更是協助你邁向成功銷售的契機。

（本文作者為宜特科技董事長）

作者序

給正在銷售路上的你

我長期在外商集團工作，經常代表公司到世界各地參加研討會、教育訓練，十五年的經驗和技能，讓我開始思考能為這塊土地留下些什麼。而銷售，是零售業的根，也許我可以從這裡開始著手。因此，想寫書的想法，一直蟄伏在心裡，但是，這本書誕生的引爆點，來自一件遠在美國的事。

二〇〇七年因為美國雷曼兄弟事件，讓二十一世紀的全球產業，如野火燎原，開始爆發經濟危機，我一直以為，遠在台灣的我，這件事，和我沒有關係。

但我錯了！

當時的我，正在一家全世界最大的法商化妝品集團服務，擔任某品牌的教育訓練經理。我除了負責新人培訓、產品教育訓練，還負責第一線人員的輔導工作。

我做過品牌經理，在化妝品界服務約十五年，培訓工作難不倒我，我每天精準的控制自己的行程表，日子過得悠閒且自在，我看不出來，需要注意什麼雷曼兄弟的事。

但我真的錯了！

在一個陽光暖暖曬得人酥軟的下午，我的主管把我叫到她房間，她請我把房間的門關上，當時，我覺得納悶，平常沒有這麼神秘呀，難道，發生大事了？

「安妮（我的英文名字），我今天接到總經理的指示，要我們進行裁員……」我的主管，長得有點像蔡琴，戴著黑框眼鏡，笑容總是一百分，我非常喜歡她，這個主管，很多屬下怕她，可是我就是喜歡她的真誠。她在我面前也很少遮掩，總是直話直說。

「妳可不可以……給我兩個裁員名單。」她有點嚴肅說道。我聽了，反應很大，這，太震撼了。「老闆！」我正視著她：「我沒辦法做這種傷天害理的事。」「什麼傷天害理。」她有點火了，「現在全球狀況不好，公司為了生存，有些事不得不做，妳以為我想要做這件事嗎？」我想一想，也是，這的確是個痛苦的決定，而我竟然經歷其中。

「妳不講是不是……」老闆推一推眼鏡，「那我講囉！」我一聽到這句話，整個身子坐直，背脊發涼，天哪，她想講什麼？

「我想裁……助理，助理，應該很容易被取代，妳們以後就辛苦一點，有些事情自己撿回來做就好了。」老闆終於說了她的想法，「不行！」我有點激動，音調竟然有點高亢，我腦中想到我的助理，她才二十一歲，還在半工半讀，就要經歷這些現實的事，光想，眼淚就快要掉下來了。「不能裁助理，我的所有檔案、資料，助理最清楚放在哪裡，而且我常常要跑外面，沒有助理，我根本做不了事情，不能裁助理。」

我看著坐在我對面的主管，突然覺得有必要為老闆分憂解勞，於是我說：「老闆，裁銷售人員好了，業績都變差了，應該養不起那麼多銷售人員了！」

我那在外商集團奮鬥了十幾年的主管，突然整個人坐直，用手扶了扶黑框眼鏡，嚴肅的說：「銷售人員不能裁，除非公司倒了，銷售人員是我們的根。」最後，她撂下狠話：「安妮，真沒用，叫妳進來，想說商量個事情，結果，什麼忙都沒幫上。妳給我出去。」

我開心得很，很高興的滾出主管的房間，幸好，被裁的名單裡沒有我，而這段對話，卻一直烙印在我腦海中：「銷售人員不能裁，銷售人員是根。」

我這個在化妝品產業奮鬥了將近十五年的人，在市場變化中，竟然感到如此無力，且搖搖欲墜。我意識到只靠教育訓練、品牌行銷的專長，竟讓人在職場上如此無助，充滿被取代的害怕感。原來，銷售能力竟然如此關鍵，而這件事，也成為我離職後，到別的品牌身兼一〇一旗艦店長的最大動力，我也是在店長的職務中，開始一一驗證之前所學的各種銷售技巧。

經過七年的醞釀，透過大量的文獻佐證、十五年經驗所支撐的實證，我以兩年半的時間，利用去大陸授課的夜晚，等待飛機的候機時刻，一字一字的把這本書寫出來。這期間，我經歷母親過世、事業起伏，我承認，好幾次幾乎想放棄。我常常在想，這本書對我的意義是什麼？沒這本書，我日子照過，何苦這樣折磨自己？但是每次上課看到學生的眼神，那種渴望成長的動力，讓我又咬著牙開始動筆，終於讓這本書問市。

本書能出版，要謝謝好友雅竹及駿宏的催生，在我快要放棄的時候，適時拉我一把。謝謝商周學院的蕙琪總是給我站上舞台的機會，也為這本書的誕生牽線。在書的催生中，謝謝總編輯幸娟、編輯惠馨、行銷勝宗的費心，讓文字有更多閱讀趣味。最後，要感謝我的團隊。謝謝 Una 作珣付出時間和精力，精進這本書的排版及文字。也謝謝 Richard 德宇，這位我生命及事業的最佳夥伴，因為有你的支持以及無底線的包容，讓我可以專注在文字工作上，沒有後顧之憂。

涓滴成河，滴水藏海，獻給每位走在銷售路上的你。

導讀

最實用的銷售手冊

你喜歡銷售工作嗎？

如果你主動翻開這本書，你的答案，應該不是否定句。

但是你知道如何做到超級銷售嗎？

我談的不是一般的銷售，而是超級銷售的能力。你可能無法一下子給我具體答案，我能諒解。因為成為超級銷售的關鍵能力很多，但麻煩的是，就是因為答案過多，導致很繁雜，而難以學習。

你也許聽過許多超級銷售人員的分享，他們成功的故事令人動容，也很激勵人心，但是，你聽完之後還是有種不知道和自己有什麼關係的失落感，他們成功了，可問題是，具體的方法是什麼？許多超業銷售的分享，東一塊、西一塊，少了架構，少了步驟，總讓人無所適從。

本書就是為解決這個疑問而生的。

本書共分五步驟十三章，透過系統化的學習，讓三個月的菜鳥，展現三年的銷售功力！讓單一店面三個月內業績成長超過二一%，客件數增加、客單價提高。

本書的重點，就是將繁雜的超業關鍵能力，變成具有系統的知識，有了系統及架構，你只要照表操課，可以立即複製運用。

第一步驟　銷售基本功

比較了「傳統銷售」及「心銷售時代銷售」在心態上的不同。我們深信，銷售就是在展現自己，因此銷售人員的觀念想法，立即決定他的銷售動作。本步驟的四個章節，分別以故事為開場，談到進入心銷售時代所需要的兩種放棄。

包括：放棄纏鬥、放棄產品至上。你可以自我檢驗是否犯了銷售大忌，也可省思是否有銷售上的毛病。

我希望你不要略過這兩章，因為心態的鋪陳，絕對是銷售技巧的根基。根基不對，底子不扎實，光學技巧就顯得太過急躁。急躁，會讓銷售的底氣不足。

第三、四章要告訴你關於本書的架構來源，來自北歐航空（Scandinavian Airlines, SAS）的實際案例。北歐航空藉由與每位顧客的服務接觸，最後轉虧為盈。在第四章，讀者可以清楚看到如何清楚切割四個銷售段落，透過本章，你可以在自己的銷售工作中，找到你的顧客關鍵接觸點，讓銷售工作更細緻。

第二步驟　銷售前哨站

本步驟的第五章「培養自信業績」，清楚告訴你銷售人員的自信來自三件事。第六章「贏得陌生客好感度」，則明確說明銷售的基本動作及定義。請你盤點自己與顧客的應對，試著在顧客第一次看到你時，贏得顧客好感，讓自己插旗成功。

和陌生客的接近需要勇氣，也需要技巧，第七章「預想破冰話術」兩大技巧，讓你由淺而深，和顧客建立客情。其中，我們運用在法國零售業非常普遍的六大顧客分類方法SONCAS，讓你只要和顧客說上話，找到關鍵字，就可以和顧客頻道相同，讓對方產生好感。如果你對六種顧客分類一下子覺得太多，我的建議是，找自己比較有感覺的顧客類型，從這裡出發，試著在平常生活中，多加練習，訓練自己的聽力，然後再去練習比較陌生或沒把握的顧客型態。

第三步驟　銷售肉搏戰

一般銷售及超級銷售人員的分界點，從第三步驟開始。

超級銷售人員的最大能力不在於一直說，而是在「聆聽」。聽顧客說，讓顧客不斷的說，是超級銷售人員的超級能力。因此如何讓顧客感覺到我們的真誠聆聽，並且在顧客給的資訊中找到銷售重點，是第八章「培養聆聽力」的重點。

聆聽能力往下深挖，就是「提問力」。問對問題可以挖掘顧客沒有說出來，或沒有意識到的所需。第九章「訓練提問力」給了相當多的案例，甚至設計「提問關鍵字」讓你可以練習。

第十章「產品地圖」是成交的關鍵。因為你要根據你所聽到的，你所挖掘到的資訊，找到真正適合顧客的產品。在本章中，我們一步一步教你如何創造「銷售地圖」，讓你的產品建議精準，且產生串聯銷售。建議你根據本章的步驟，建構出自己的銷售地圖。

第四步驟　銷售決勝點

第十一章我們提出十二個在零售業經過驗證的成交法。每個成交法都有示範案例，並有理論支撐。希望你可以從中選擇二至三個先做練習，感受這些成交法的作用。一開始你會覺得不太自然，因為會和你現有的習慣衝突，但我建議你持續使用個三到五次，你會慢慢發現，不但實用且讓自己的銷售充滿層次與魅力！

第五步驟　銷售後續

現實生活中，你和顧客的互動不可能照著設計好的步驟進行，因此難免會遇到顧客有想法。顧客有意見，甚至挑戰你，這時你如何處理「顧客異議」便相當關鍵，處理得好，就是銷售契機，處理不好，就往客訴發展。

處理顧客狀況前，要先處理自己的心情，第十二章「兩秒鐘處理自己的情緒」給你六個步驟安撫自己，接著第十三章「安撫顧客」則以三個步驟處理顧客狀況。在本章中，我們提出在華人世界裡，非常有效的安撫話術，這是我們找到最有效的安撫話術，建議你可以在同事、朋友、家人的相處上使用，你將發現，短短的幾個字，會改變你的人際關係，簡短，但是卻出奇的有效。

對新踏入銷售工作的你來說，本書是一本絕佳的武功祕笈，照著本書練功，並且實際體驗，你可以立刻感受它的力量。對於已經熟悉業務工作的你而言，本書是給你新思維，並且加強業務底蘊的手冊，它給你不同的角度重新思考業務的價值和技巧。

5步驟，讓3個月銷售菜鳥變成成交高手流程圖解

1 當你是菜鳥

▶ **銷售前，你要怎麼想？**

✓ 放棄產品至上，賣顧客需要的 ✓ 建立自信，設定夢想目標

● 秘技：做好時間管理

2 讓顧客喜歡你

▶ **當顧客上門，先建立好感度**

✓ 兩秒鐘決定第一印象 ✓ 察言觀色找破冰話題

● 秘技：判斷顧客類型

3 讓顧客信任你

▶ **跟顧客互動，找到潛在需求**

✓ 用同理心聆聽找出關鍵字 ✓ 用引導、暗示性問題發掘未知

● 秘技：繪製產品地圖

4 讓顧客理單

▶ **成交前臨門一腳**

✓ 十二個心理說服方法

● 秘技：善用顧客資料卡

5 變成成交高手

▶ **顧客有異議，懂得安撫**

✓ 兩秒鐘六步驟，先冷靜自己情緒

● 秘技：不NG的話術

Step 1

銷售基本功
正確心態

創立於一九四六年的北歐航空，在七〇年代透過管理與顧客互動的「關鍵時刻」，轉虧為盈。北歐航空認為，所有銷售人員必須了解，在「顧客的消費旅程」中，何時是關鍵時刻，並透過「關鍵主角」及「關鍵行為」，讓顧客完成一次美好的體驗，提高回購率，增加忠誠度。

本書以北歐航空的精神及做法，將實體銷售過程切割成四個段落，方便讀者複製及學習。

1. 銷售前哨站：贏得好感，重點：與顧客建立關係。
2. 銷售肉搏戰：取得信任，重點：探索顧客的需求。
3. 銷售決勝點：絕對成交，重點：展現銷售顧問的專業。
4. 銷售後續：處理顧客異議，重點：安撫顧客情緒。

在進入四個銷售階段前，更重要的是：對銷售，要有正確的心態，必須放棄傳統的纏鬥功，和緊抱產品至上的想法，以面對心銷售時代顧客的高自主性及浮動的忠誠度。

Chapter 1
不要讓顧客不開心：放棄纏鬥

當銷售人員圍在我身邊，不斷的想說服我，我腦中就只有一個念頭：想逃！

台北市後火車站南京西路某百貨公司，是之前我服務的公司很重要的銷售點，做的是主顧客生意。每家公司對主顧客的認定不一樣，有的品牌定義全年業績貢獻前一〇%的顧客，有的則指單筆客單價是平均客單價兩倍以上，而我們公司對主顧客的認定，很簡單：只要顧客指定某個銷售人員買東西，就是主顧客。

經過多年經營發現，顧客只要看到熟悉的銷售人員，成交率通常高達九〇%，這真是不可思議的數字，個人的消費習慣，竟然倚賴主觀的感受，而經濟學上的理性思考、成本思維都不那麼重要了。南西這個銷售點也是很感性的櫃檯，顧客的消費金額取決於銷售人員的動作，在每個月月底，如果業績吃緊，只要銷售人員主動一點，撒撒嬌，成交的單價就更驚人，成交金額兩萬元以上非常常見，而其他化妝品專櫃品牌的客單價也不過四千元左右。

我親眼看到一位資深的櫃姊，緊抓一位年紀可以當她媽媽的顧客的手，撒嬌的說：「姊姊，我就差妳這一筆了，妳這個月多帶個乳霜，把下個月的量先買齊，妹妹我就達到目標了。」你絕對猜得到，她輕易的完成銷售，當然，也拿到業績獎金。

你能想像，如果你是新人，調到這個銷售店面，要怎麼展開第一筆交易嗎？難呀！

事實上，許多新銷售人員分發到這個銷售點，前六個月內很難賺到錢，就算積極開發新顧客，新客成交率通常不高，這個以主顧客為主力的店點，讓新人苦站三小時，在外面風吹雨淋努力發ＤＭ，往往做不到一個客人的生意。沮喪，可想而知。

因此，這個銷售點的人員流動率很高，六個月內走十個人，因為人員都走了，在主顧客認人購買的情況下，所有主顧客經營都落在店長和副店長身上。

經營主顧客需要花時間，而他們是如何經營呢？九○％時間和顧客純聊天，一○％才是做生意，因此店長和副店長工作量越來越大，急於找新人，把業績壓力釋放出來。就在這時，凱莉進入公司，且被分配到這個銷售點。

凱莉之前待過其他國際品牌，不是生手，在五天的新人訓練過程中，我看到凱莉非常努力學習產品知識，每天的考試幾乎滿分，銷售演練也非常投入，她已經掌握品牌銷售的正規方法。知道她受訓完將分配到南西銷售點時，我跟她談了這個銷售點的特殊處，讓她有心理準備，而我希望不要折損一員大將。

凱莉信心滿滿的下店點到南西，三天之後我去看她，她臉色很不好。

傳統銷售想做的太多，想放手的太少

「凱莉，妳還好嗎？」我希望從這個簡單的問題，得到她真誠的答案。

她抬起頭，看了我一眼，氣若游絲的回答：「還好。」

鬼才會相信這個答案，我要她告訴我怎麼回事，畢竟，我想看看有沒有可以幫得上忙的地方。

「老師，櫃長要我 call 客……」她拿出一疊畫了密密麻麻的名單，「我打了兩百多通電話，兩百多通耶，只有一個顧客願意來參加ＶＩＰ新品發表會活動。

我被櫃長狠狠罵了一頓，她要我今天給她十個名單。我好緊張喔。」看她快哭，我得幫幫她。

「凱莉，妳 call 客遇到什麼狀況？」我想先了解原因，才能找方法幫她。

「客人聽到品牌有人打電話給她，就直接問我，某某在不在，我說她離職了，她們就問我，那店長還在嗎？我說，店長在忙，因此請我打電話邀請她參加新品發表會。顧客聽完，通常撂下一句話：『妳叫店長親自打給我，不要想做生意，才想到我；好康免錢的，都沒我的份。』等等這樣的話。」她氣餒的說：「我沒想到，這個店點這麼認人，我覺得我不適合做這個品牌……」說實在的，這種情節天天上演，人都不願意被拒絕，但做陌生開發（cold calling），被拒絕卻是最基本的一課。

她一定得展現一些技巧，迅速達成成交，畢竟，**成交可以建立信心**。因此，我決定留下來，看看她怎麼 call 客。

我告訴凱莉：「妳繼續 call 下一個客人，我在旁邊聽好嗎？我會站在妳看不到的地方，妳繼續妳的工作就好了。儘量當我是空氣。」

凱莉有點不情願的答應了，以下是她的 call 客情形。我必須說，我嚇壞了。

撥出電話，凱莉的表情有點緊張，右手拿著筆，左手看著call客清單，我看她緊張，也不禁為她捏把冷汗。突然，她的表情變了，我知道，電話另一端，客人接起電話了。

「張姊！」她用高八度的音調，對一個完全不認識的人喊姊。

「我是S牌的凱莉，妳一定不認識我，我可是久仰姊姊您的大名。」凱莉笑得好開心，好燦爛，好假。

「我有好康要告訴姊姊啦，」她摀嘴笑了一下：「我們品牌有VIP的新品發表會，我特別留了一個位置給姊姊您，姊姊，我好想看看您喔，您過來一趟好嗎？」她開始時有點鼻音，甚至撒嬌，講著講著，我確信她已經忘記我在她身後，因為，她竟然右腳還忍不住蹬了一下地面，顯得非常嬌嗲。我看在眼裡，聽在耳裡，簡直不敢相信，這是我教的學生？

這時，她突然不講話，然後，比戲劇裡的演員還誇張，她突然將音調變成正常聲音：「好！那我再跟店長說。」話畢，電話倏地掛斷，call客結束，再次宣告失敗。

我得收拾殘局。

我拍拍她的肩膀，問她：「妳覺得為什麼妳的第兩百零一通call客，沒有達成任務？」我仔細玩味她的表情。

她看了看我，輕咬下唇，眼睛開始泛淚光：「我看到店長這樣跟客人說話，我很努力學習，想要趕快融入團隊，也想趕快建立自己的主顧客，我照著店長的說話方式，想要和每個客人都很親近，我想要和她們交朋友，我覺得自己很努力了，我想，我不適合這個團隊。」自責，充滿整個對話，這一切的原因，都是因為**她想做的太多，放棄的太少**。

心銷售時代顧客的特性

銷售人員，特別是還在摸索自己業務調性的銷售人員，每個人都告訴我，自己很努力，可是，你從上面的故事可以看到，現在的顧客不一樣了。

和以往相較，現在的顧客有三**大不同**：

第一，顧客的自主性高。因為可選擇的品牌很多，同時資訊蒐集非常便利，因此顧客對實體銷售人員的依賴度變低，要說服顧客，就必須對顧客有更多了解，對產品絕對專業。顧客的自主性高，也因來自政府的介入機制。顧客如果購買的物品不滿意，可以強力要求廠商退貨，顧客有權「反悔」，且毋須吸收退貨成本。

第二，顧客的主觀性強。相較於傳統的銷售，顧客對銷售人員的形象及感受，要求比以前高且強烈。銷售人員給人的第一印象，包括服裝儀容、應對進退，聲音情緒的掌控，用字遣詞的精準，在在都形成顧客對銷售人員，及對產品的感受，而感受會決定成交。

第三，顧客的忠誠度浮動。因為產品日新月異，服務推陳出新，顧客對產品的價值、服務的品質會不斷比較，讓顧客的忠誠度產生波動。原本滿意的產品購買經驗，經過與他牌比較而產生不滿。例如，原本買車子贈送全險，即會達到顧客滿意，但若他牌推出加贈全套皮椅，以及延長至五年保固等優惠，就會讓前一位購買顧客，經過比較而產生不滿，「吃虧」的感覺讓顧客降低對品牌的忠誠度。

所以，銷售人員要了解：傳統銷售時代已經過去，我稱之為「**心銷售時代**」已經來臨。現在，與顧客的每次接觸，都要顯現更專業、更留意每次與顧客的互動，才能面對新顧客的心銷售要求。想要靠一張嘴，拚命說，拚命拉近關係的銷售，已經過時。「業務纏鬥法」，對現在的顧客而言，是擾民甚至恐怖的經驗。

有多少次，你走在路上，等在路邊的銷售人員，拿著DM問你要不要買某個新的產品，試試某個新開餐廳的餐點，逛一逛新的店面。更甚者，不只拿著文宣品，還直接給試用包，然後要你填一下顧客資料，接著，跟你說明產品如何使用，現場讓你試用。當你的手一沾上他的產品，臉一碰到他的保養乳霜，你就注定被他纏上了。他會用盡各種辦法，要你埋單，如果他的單一力量不夠，還會請他的同事一起包圍你，大力稱讚產品的熱賣和有效性。總之，你就像灑了一身蜂蜜的小熊維尼，吸引所有蜜蜂蜂擁到現場，到最後，你只能買個產品，企圖脫身，然後，告訴自己，這輩子再也不要在路邊拿免費的東西了，畢竟，免費的東西最貴！

銷售若是這樣，只會嚇跑顧客

就是這樣，銷售人員拼命纏鬥，他們以為自己拚了命，就可以達成業績。他們不在乎厚臉皮，刻意將聲調拉高八度，明明跟你沒有關係，還是會笑容可掬的稱呼你「姊姊」、「帥哥」，或者，你明明邋遢到不行，他還稱你「美女」，太多的假裝，讓銷售變成一種感情的債，嚇壞一堆人。

我母親到一家連鎖美容院去，打算好好放鬆一下，洗個頭，做個造型，她病了一陣子，想讓自己的精神振作點，因此，最近三個月內，去同一家美容院，找同一個設計師，洗了六次頭。

第七次光顧時，設計師問我母親：「這次有沒有想剪個頭髮，或染個頭髮呀？」我母親看著讓她變美的設計師，笑著說：「就一樣，洗頭就可以了。我可是等很久呀，等這次來變漂亮！」話剛說完，設計師的臉就垮下來，她沉著臉，透過鏡子看著我母親說：「妳每次來都洗頭，只花個一百多塊，這次不論怎樣，都不能只有洗頭，妳這樣讓我很難做人，而且，我已經花這麼多時間服務妳，妳說，妳要不要回饋我一下？」這樣的對話，讓來店的熱情霎時降到冰點，原來，所有的問候，所有的服務，都是因為錢。三個月來的美好經驗，化為烏有，此時坐在椅子上的母親只想奪門而出。

又是這樣，銷售人員只想到顧客口袋裡的錢。哦！我沒有責備的意思，我之前帶領銷售團隊，衝刺業績，也是想賺錢。只是，現在顧客充滿知識性，他會比較，會有防備心，銷售人員的假裝和虛假，只會破壞你與顧客的情感建立。相信我，只要你不真誠，只要你不是為顧客著想，你會被看穿，因此，放棄吧！放棄纏鬥力，只有先放棄這些虛假，端出訓練有素的專業，站在顧客立場，去思考業務對策，才能贏得顧客。

凱莉的故事，我母親上美容院的故事，告訴你我，**要會賣東西，就要先學會放棄，放棄「纏鬥」，放棄拚命「說」**，甚至，放棄純粹業績導向，放棄急切砍單的心情。

放棄纏鬥，培養長期客戶

我要告訴你一個因為放棄而成功的實例。

在我擔任X品牌一〇一店長期間，不到一個月，就得帶著五位銷售人員面對母親節業績壓力。光是業績預估、進貨、call客、人員排班，討論贈品發放，就快把人逼瘋。這時，我發現總經理給的業績目標，六個人根本吃不下來，為了帶動士氣，我咬牙將自己的業績調高。

我很需要業績。

晚上八點來了一位貴婦，她頭髮吹得極好，手指塗著指甲油，上身穿著日本品牌外套，右手拎著歐洲精品包包。根據經驗，這位顧客可以拯救我當天還差三萬元的業績，我得好好把握這個顧客。

貴婦直接詢問某個乳液，知道價錢比機場貴五％，整整多了近八百元，她很不高興的嫌棄一番，並且告訴我她常去瑞士，每個暑假都會去瑞士參加音樂會的鋼琴公演，她說，她大不了去機場買！

我並沒有被她的抱怨給撂倒，聽到她常去瑞士，因此推薦她搭配修護型乳霜，因為乳霜可以保護肌膚對抗乾冷的北歐氣候（發揮我的專業和聆聽）。

聽到她夏天會去瑞士參加音樂會演奏，知道她擅長彈鋼琴，因此又建議她使用護手霜，並且幫她做了五分鐘的簡易手部護理，告訴她長途飛行時以這樣的方式自我保養雙手（站在顧客角度，發掘顧客沒有說出的需求）。

整個介紹下來，我在她面前擺了五瓶商品，拿計算機一算，超過三萬元台幣。貴婦眉頭一皺，「我告訴妳，我不是買不起，我是不想買貴了。」看到計算機上的數字，她有點生氣。「在台灣百貨公司買就是會比機場貴五%，這樣好了，護手霜我退掉，剛好退一千五百元的稅，反正我覺得護手霜用起來也還好。」

顧客和團隊都在看我的反應。我知道貴婦企圖將我的專業數字化，感覺將我的專業和自尊打折，但我期待每次的成交，都是下次再見到顧客的鋪陳，我不要只做一次生意，我也這樣教導人員，所以，我決定挺住。

「我了解您的想法，如果我是您，也希望買到超值且適合的產品。我知道我們的產品價格並不是最便宜，但是價值絕對大於價格。以我的專業，我衷心希望在音樂會場上的鋼琴家，手指優美纖細，和鋼琴黑白鍵相呼應。如果說我們賣保養品的人，最重要的是臉部皮膚，那麼身為鋼琴家的您，最重要的就是手指。」

我微笑的看著她：「現在已經是晚上九點了，您可以決定今天一次讓自己全身美麗，或者等到兩個月之後的夏天，到瑞士機場再購買。」我面露微笑看著她，等她的反應，但，她離開了！我讀不出她的表情，看著她離去的背影，我心裡很慌，有點後悔，我是不是太任性了。

我不是瀟灑的人，當天晚上我失眠了。我放棄 push 成交，堅持專業和價值，到底值不值得？

隔天早上十一點，貴婦帶著母親過來，現場人員高興得立刻打電話給我，叫我趕快過去服務，因為我被指定了。那天，我用十五分鐘成交了超過十萬元的業績，也多了兩位新客：瑞士貴婦和她的母親。

我感謝顧客的肯定，藉此肯定自己的選擇。

顧客要的不只是產品，她要的是專業。價格，是顧客重要的考量，但不是唯一考量。學會放棄吧！

接下來，我還要你放棄別的東西。

本章重點

不要讓顧客不開心：放棄纏鬥

1. 心銷售時代的顧客擁有更多資訊，更多選擇，顧客可以透過比較，產生購物選擇。
2. 心銷售時代的銷售人員要放棄傳統的纏鬥功，透過有系統、有重點的方式做銷售，而非一味模仿老銷售人員的做法。

Chapter 2
不要製造問題：放棄產品至上

顧客要買的是感覺，不只是產品。

在進入法商美妝集團服務之前，我曾擔任某個美國醫師品牌的負責人，產品通路是百貨公司專櫃。當時這個還在起步階段的品牌，並沒有專業的產品訓練人員，產品知識來自以前的文宣品或銷售人員的口述歷史。手上的產品文字說明，不外乎「玻尿酸」、「真皮層」、「輔酶」等專業名詞。因為這是美國醫師品牌，因此許多銷售人員會把產品的功能及成分掛在嘴上，以此作為銷售方法。

月底，來了一批新人，我特別注意到布魯斯。他是個對醫學美容很有熱情的小男生，臉上長了小痘痘，削瘦的臉頰，搭配不到一七〇公分的身高，看起來像個高中生，生嫩無比，但是他一開口，你會覺得他專業的樣子，活脫脫就像醫生在說話。

「這瓶晚霜會直接作用在你皮膚的基底層，基底層主要負責細胞再生，透過為期二十八天的細胞生長階段，新嫩細胞讓肌膚有緊緻的效果。這瓶晚霜主要成分是XXX，濃度高達三％，是目前百貨公司在賣醫美保養品裡濃度最高的。」我眼前的布魯斯，身穿白袍制服，正對著比他大三十歲的女性顧客，嚴肅的在上產品知識課，但是，我看著顧客的臉，我深深確認顧客完全聽不懂他在說什麼。

等布魯斯花三十分鐘「上完課」，這位「阿姨」問：「我只想知道這瓶晚霜有沒有用？」她的聲音微弱，甚至帶點顫抖，似乎怕這樣的問題會傷害布魯斯的專業，或者顯現她的無知。

聽不懂的專業令人害怕

「我說過了，這瓶晚霜是目前業界仿肉毒桿菌最高濃度了，最高濃度耶！真的很厲害，我做了很多市調，目前只有德國某品牌才有這麼高的濃度，這真的很特別！」布魯斯口氣中甚至帶點驕傲，但我覺得他賣弄知識遠多於關心顧客的需求。

「阿姨」覺得這個答案有聽但沒有懂，也不打算再追問下去，只客氣的說了一句：「我再考慮看看。」說罷，雙腳往門口移動。移動的步伐，倒是堅定無比。

布魯斯看了我一眼，對我展開無奈的微笑。「老闆，」他叫了我一聲，順便乾笑了一下：「你看，就是有人不識貨，我們的產品真的很好用，客人就是不了解，花個六千八百元，比去打肉毒桿菌便宜多了。」他還是有點悻悻然，顯然，他還沒脫離剛剛那個銷售情緒。

「布魯斯！」我安慰他。「謝謝你的努力，我聽到你的專業知識，我很確定你做了很多功課，還去了解競爭品牌，我聽了很感動。」布魯斯眼睛為之一亮，畢竟，具體的讚美，很少人可以抗拒。「如果，事情再來一遍，這個顧客再進到我們店裡，你可以怎樣做得更好？」我試著引導他，畢竟，他的主動積極，應該有機會讓自己發覺答案。

他看了我一眼，似乎對於眼下的提問，有點疑惑。「你覺得我做得不夠好嗎？」他眼神中透露出擔心。「不！我認為你做得太好了，只是我希望你能找到另一條銷售的路，挑戰自己。」**建立信任，是零售業主管最重要的能力**，信任，可以決定團隊要不要跟你一起奮鬥。

「我想，……我可能多問她問題吧。」

「你可以多問她什麼問題呢？」我趕緊追問。

「嗯，我可能問她，為什麼她想要看醫學美容的商品？」布魯斯花了十秒才吐出答案。

「你猜一下，這位顧客大概幾歲？」我用搜尋的眼神，抓緊他的目光。

「這個問題很簡單，她肯定超過五十歲了！」布魯斯對這個答案倒是相當篤定，甚至，有些小得意。

「你覺得一位超過五十歲的女人，為什麼會走進百貨專櫃，找跟醫學美容有關的產品？」

「我想，她應該很想讓自己變好看，」布魯斯看著地面，有點出神的說。「她用了很多保養品，可能很多銷售人員都告訴她，產品多有效多有效，可是，她要的是，真正了解她想法，了解她需求，而且能幫助她的人或產品。」布魯斯倏地抬起頭，「老闆！我知道如果剛剛那位阿姨再來，我可以怎樣做得更好了，我不要再跟她說很多大道理，也不要告訴她我們的仿肉毒桿菌濃度有多高，我想要讓她知道，我了解她的想法，我可以幫助她。」

這就對了！

許多銷售老手已經忘了顧客真正需要的是什麼，同時，也慢慢失去接待新客的能力。他們腦中只想著業績，手中緊抱著產品，有太多的「理所當然」，因為腦中的圖像已經定型，因此難以站在對方立場去設想。

實體銷售人員的價值

那麼，顧客到底要什麼？簡單來說，顧客就是需要一位能讓他們信任，能了解他們的需求，並且透過專業，給予中肯建議的人。

銷售，是專業和關係建立的結果。

本書最大的用意，即是希望銷售人員能站在顧客立場，和顧客建立關係，注意顧客的當下銷售情緒。因為，當你關注的是人，人自然會回應你，業績自然水到渠成。

有一天，我到一家國際連鎖家電，進行銷售人員的訓練課程，之前已經和對方主管討論過，將訓練定調在透過步驟、系統、專業、建立真正關係，讓銷售人員擺脫死纏爛打方法。早上九點，我到教室，五十四個學員，清一色是男性，年紀平均超過三十五歲，在等待上課前，他們聚在一起，吃檳榔，抽菸，我看到這個場景，心裡覺得有點不妙，心中揣度這樣的銷售課程，究竟適不適合他們。

上課，開始講述顧問式銷售方法，示範技巧及話術，當下似乎沒有問題，到了演練時，雜音開始出現，有個嚼檳榔的帥哥學員舉手說話了，他覺得：「很不習慣！」

「老師，這些演練跟我們賣電視的現場，差很大啊！幹麼教我們這麼多辨認顧客的辦法，客人有什麼好辨認的？他們就是要省錢呀。如果要賣東西，就給他們優惠，就拚命說服他們嘛，反正就是盡量跟他們說產品好在哪裡，然後，跟他們一直推銷，幹麼要跟他們建立關係？建立關係有什麼用？他們只是來逛街，之後又不一定會來找我。」語畢，露出一排嚼檳榔的牙齒，我推測，他已經是銷售老手，但絕不是銷售高手。

我和業務主管聊過，知道這群銷售老手已經四年沒有上過銷售課程，公司唯一會提供的就是產品知識、新品資訊、競爭品牌資訊，和產品有關的「硬」知識，對於顧客的改變、顧客關係的建立、感性情緒的營造等「軟」知識，完全沒有涉略。也因為只靠這些硬知識的支撐，該品牌業績以每個月五%的速度持續下滑，我粗算了一下，一年的業績約少了三千萬元。

有趣的是，這群資深銷售人員堅稱軟知識沒有用，「那些東西……，太模糊，你提出證明呀，告訴我這種方法可以讓我業績成長多少？你可以證明，我就做給你看！」這群同學的吶喊，是我提倡「放棄產品至上，擁抱顧客關係」業務論點時，所面對的挑戰，或者說疑問。一開始，我試著想要提供數字，提出證明。我想證明照顧顧客感受的確可以創造業績！我想證明好的第一專業印象，的確可以提升業績！我想證明產品的確是重點，但不是顧客會購買的唯一原因！但現在我已不打算這麼做了。不是我放棄了，而是當初問我這些問題的人或企業，現在都已經退出市場，或者說，被市場淘汰了。

二〇一二年八月，一二九二期《商業周刊》刊出宏達電總裁周永明先生給內部員工的一封信，文中提到：傳統上，宏達電非常倚靠產品，我們有一流的產品，且這些產品已經幫助我們在市場上找到市場定位。然而，當市場、競爭者策略出現變化，且當競爭者更強大，縮小產品之間的差距時，我們的競爭者可以藉由規模、品牌意識，及大量的行銷預算，到達宏達電可能達不到的目標。這封值八千億的信，是在宏達電股價如洪水潰堤的情況下，高層對員工的喊話。充滿高層對於品牌的期望，對於未來的信心，也對自我管理失職的自責。信中再再昭示一件事：決定一家公司成敗與否，產品是關鍵，但不是唯一。好的產品，當然是立足市場的重要因素，沒有人可以因為推出充滿瑕疵的貨品，在消費者怨聲載道的情況下，而有立足之地。但是反觀而言，好的產品，如果有好的銷售或服務人員加值，那麼，它代表的不只是使用的功能，更是表徵出它的情感價值。

在可見的未來，實體店面的銷售人員直接受到網路購物的宅經濟衝擊，你要如何讓顧客走出家裡，到你的實體店面購買物品？你對顧客的價值到底在哪裡，答案很簡單，就是銷售人員**與顧客之間的情感關係，這需要長時間經營，最難被取代，但卻是核心價值所在！**

本章重點

不要製造問題：放棄產品至上

1. 心銷售時代銷售人員必須了解，好的產品的確是基本，但不是絕對的成交關鍵因素。顧客要買的是產品＋主觀感受。
2. 心銷售時代銷售人員必須著重專業基本功、給顧客的第一印象，讓自己搭配好產品，真正產生「銷售價值」的能力。

Chapter 3

經營關鍵時刻：學習北歐航空

北歐航空發現，一年當中，每一位乘客平均會接觸北歐航空五名員工，這些接觸的「瞬間」，都對北歐航空產生印象分數，是這些「關鍵時刻」，決定了公司的成敗。

首次將韓國網路平台概念輸入台灣的博弘科技（Next Link）副總經理理察（Richard）是我大學好友，也是汽車迷，他說，最近看到新聞，有一款配備自動跟車系統的歐洲車，想去看看，他邀我一起去，理由是，我容易暈車，如果能不讓我覺得顛簸，穩定性應該就沒問題。能感受頂級車的服務，我當然奉陪。出發前Richard提到，不論如何心動，他都沒有立刻買車的想法。

一走進汽車營業所大門，三名銷售人員同時看到我們，其中一位「資深」業務用眼神瞄了一下隔壁的女業務員，那位短髮、穿裙子的女士收到訊號，堆滿笑容大步朝我們走過來。另外兩位男士則面無表情的坐在櫃檯後面，自顧自的看著手機。看起來，他們已經分配好工作，這位，就是負責向我們說明的銷售人員。

「先生您好！看車嗎？」這是無效問話，我們都已經走進來了，難不成來賣東西？銷售員對Richard展開攻勢，營業所內停放五台車，她從門口第一台開始一一介紹，但我們只想看有自動跟車系統的車，可是她連問都沒問我們，逕自一直說著話。

終於，走到一台二•○旗艦版的車，車體厚實，配備六個安全氣囊、皮革座椅、高級音響，及「自動跟車系統」。Richard因此駐足，東問西問，進駕駛座足足坐了二十分鐘，後座也摸了超過十分鐘，滿意的表情，讓我也嗅出他的興奮。女業務員也展現出銷售直覺，馬上要求約「試車」，Richard滿口答應，立刻約時間，填好試車的保險單，一切對女銷售員而言，都是成交的大訊號。當完成所有手續我們要離開時，女銷售員在冷冽的天氣裡，穿著略顯單薄的襯衫，勉強以合身黑外套映襯專業，笑容可掬的送我們到車子旁，幫我們開門，協助我們倒車，這一切服務堪稱「完美」。

試車的日子到了，女銷售員帶領 Richard 讓車子上六十四號快速道路，把車子從中和開到新莊。到了新莊營業所，所裡也有三個人，看起來都是銷售人員。他們三人雙手抱胸，眼神空洞，看到我和 Richard 走進去，沒有微笑應對，沒有眼神交流，身為賞車顧客，我和 Richard 兩個人，像隱形人般，完全被這個品牌的人員忽略。

我則偷偷走到旁邊的維修中心，只見車廠內凌亂不堪，地上有抹布和丟著的使用一半的工具。維修人員服裝不整，自顧自的聊天。這個情景，讓我心裡涼了半截。

冷漠的銷售人員、凌亂的維修服務，讓我對這台有自動跟車系統的車子產生畏懼。因為這兩百萬元買下去，後續的保養和服務讓人擔心。我人雖然坐在豪華房車裡，但是完全沒有感受到車子的穩定和駕駛感，臉上因此沒有表情，說話也有一搭沒一搭的。Richard 問我試車的感覺，我答不太出來，見我一副興致缺缺，試車完畢他因此跟女銷售員說，再看看！

女銷售員悻悻然的再引著我們回新莊營業所，到了目的地，打開門，讓我們「自己下車」。和之前送我們離開的熱情，截然不同，我們在錯愕中結束這段消費者體驗的旅程。

和顧客的每個接觸，就從東尼・博贊（Tony Buzen）在《思維導圖・商務篇》一書裡所稱的「關鍵四英尺」（the last four feet）開始。

四英尺，約莫是人類走兩步的距離，是銷售人員和顧客開始產生眼神互動，也是顧客購物經驗的開始，從這一刻開始到離開店面，我們稱為這是一段「顧客的消費旅程」（customer journey）。根據《這就是服務設計》（*This is Service Design Thinking*）作者之一賽門・克雷渥西（Simon Clatworthy）所稱，「**服務就是在顧客旅程之中，服務提供者與顧客雙方，在許多不同接觸點，進行的一連串互動過程**。」根據此概念，顧客的購買及任何決定，會從整體環境、與產品接觸、與人員接觸、顧客異議處理的一連串互動過程中，不斷發生。顧客會在每個與銷售人員的接觸環節，腦中不斷的評分。而總評分的分數越高，成交機率越高，後續回購越高，你被指定服務的機會也越高。

現在，讓我們來談談業務人員與顧客的這段旅程，以及和顧客互動的接觸點（contact points）。

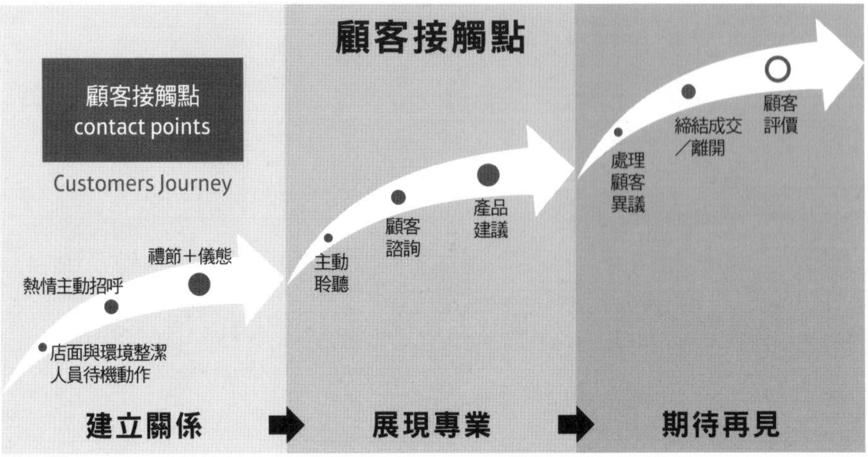

北歐航空的反轉

談到「和顧客互動的接觸點」概念的運用，就必須介紹北歐航空公司。透過北歐航空的企業案例，可以看到每一位服務人員，是如何刻意意識到與顧客的接觸，注重每個細節，而讓這家航空公司得到顧客的認同與讚許，成就龐大的商機，也讓各位讀者和我的試車經驗做比較。

創立於一九四六年的北歐航空總部設在瑞典斯德哥爾摩，一九五四年，北歐航空開創了全球第一條「北極航線」，使其一炮而紅。北歐航空主要服務商務人士，但許多航線卻需要轉機，讓商務客相當詬病，因次當強‧卡爾森（Jan

Calzon）接手總裁一職時，北歐航空的財務狀況已岌岌可危，董事會不願意再繼續投資，也不再購買新飛機，讓卡爾森立刻感覺到經營壓力。

卡爾森到任後，立即展現積極、快速的管理作風，其中，最特別的，就是卡爾森所推行的「三P客機」（Passenger Pleasing Plane）。

三P客機，就是讓「乘客滿意的客機」，飛行不僅是透過座椅、供餐，人坐在飛行器裡的集合，而是一**次次讓乘客滿意的服務接觸「總和經驗」**。卡爾森發現，乘客在與第一線人員接觸的短短十五秒內，就開始對北歐航空公司產生評價，而這十五秒的短暫時刻，不論是空服人員遞送毛毯、餐飲、一個廣播說明、抵達時的微笑送客，卡爾森都稱之為「關鍵時刻」（moments of truth）。卡爾森經過縝密的觀察，發現一年當中，平均每一位乘客會接觸北歐航空公司約五名員工，而這些接觸的「瞬間」，都對北歐航空產生五次印象分數，如果以每次十五秒計算，每年五千萬次接觸，產生七億五千萬秒的「關鍵時刻」，而這，即決定了公司將來的成敗。

關鍵時刻的「關鍵主角」

「關鍵時刻」背後重要的意義，就是讓**「關鍵主角」充分發揮角色**。

在與顧客互動的過程中，顧客心中會在某些接觸點打下印象分數，因此「關鍵主角」的任務，就是在這段接觸時間裡，爭取到「印象高分」。

來吧，現在我們就來一次乘坐飛機的想像之旅。以這個例子複製在你的銷售過程裡。

你到了機場，請問你什麼時候看到航空公司人員？答對了，第一個「關鍵主角」，就是航空公司在機場工作的櫃檯人員。

他們必須協助你辦理登機、確認行李托運、說明轉機細節，劃定座位。櫃檯人員是你第一個見到的航空公司的人，他們決定了你對這家航空公司的第一印象，也是你開始為這段旅程評分的關鍵角色。

「關鍵主角」：登機前的櫃檯服務人員

「關鍵時刻」：旅客 check-in

「關鍵行為」：服裝儀容、親切微笑、招呼歡迎語、雙手拿取顧客護照簽證、說明班機狀況、確認座位、確認行李托運及重量、說明轉機注意事項、確認是否需要其他協助拿到登機證，和家人朋友道再見，排著隊，進入到安檢區，如果還有時間，你可以揹著隨身行李漫看免稅區。你走到登機閘門，確認航班號碼，找個空位坐下，準備等登機廣播。你看到閘門口的櫃檯，穿著航空公司制服的男男女女忙進忙出，你心裡祈禱班機不要誤點。這些服務人員是你看到的第二批航空公司人員，是你經過一連串通關、檢查，出遊心情醞釀後，終於進入到「旅行意識」的指標性人員。登機了！你拿著登機證排隊，航空公司人員可能會稱呼你的姓氏，並祝你有一段愉快的旅程。你打下第二個印象分數。

「關鍵主角」：閘門前的登機服務人員

「關鍵時刻」：旅客準備登上飛機

「關鍵行為」：儀態儀容、微笑待機動作、廣播聲音的熱情音調及說話速度、稱呼乘客姓氏、撕下登機牌、遞送登機牌、服務速度、登機狀況告知

通過閘門口，走進空橋，前面旅客的移動步伐開始變慢，你心裡有些焦急，想趕快開始這趟旅程，在看不到排隊尾端的盡頭，空橋的另一端，是旅行的開始。

現在，你終於走到空橋的另一端了，放眼一瞧，門口兩邊的航空公司人員，就是即將照顧你這趟旅程的人。你把登機牌給他，他指引你往左邊走，你看到座位了，你知道即將展開十二個小時的窗邊旅程。你把隨身行李放在前座椅子下方，手機關機、扣上安全帶。你看著機艙內的服務人員，看著他們的制服、想像他們的年紀、猜測他們的國籍，你會開始，打下第三個印象分數。

「關鍵主角」：機上空服人員（迎接顧客）

「關鍵時刻」：旅客進入飛機

「關鍵行為」：儀態儀容、熱情微笑、見面招呼、熱情音調、眼神專注、座位引導

「take off, all crew be ready」機長一聲令下，飛機起飛了。眼睛看著窗外的白色碎雲，襯著藍色的天空，刺眼的陽光讓你把窗戶帶上，你的眼神回到機艙內，除了眼前的電視吸引注意力外，你心裡想著，什麼時候開始供餐啊？漫長的登機消耗體力，好想好好吃一頓。

香味總是比服務人員更快來到你跟前。期待好久，餐車終於推到你身邊走道。你猶豫著要不要試試新口味，之前打聽過這家航空公司餐點不錯，因此你決定來

點新的。高帥的服務人員面對沉重的餐盤，似乎一點都不吃力，穩穩的讓餐盤恰好躺在你面前，他親切的問要不要來個餐包，並大力推薦茴香麵包搭配今天的牛腩湯汁，非常順口，你當然滿口稱是，而熱騰騰的麵包用夾子放到你的餐盤，就像兩個從天上跳下來的禮物，你心裡開始打下第四個印象分數。

「關鍵主角」：機上空服人員（餐點服務）

「關鍵時刻」：餐飲服務

「關鍵行為」：儀態儀容、親切微笑、親切音調、產品需求詢問、產品推薦、產品放置、產品收拾

飛行時間已經超過十一個小時，久坐，實在令人難耐，眼看只剩半小時飛機就要開始下降，準備抵達目的地，心裡竟然有點焦急，想要趕快離開這狹小的機艙，而當機輪擦地、天搖地晃的剎那，你已經穿好鞋子，穿上外套，手機握在掌心，隨時都有想要離開這裡的衝動。等待的時間總是漫長，終於聽到機艙門打開的聲音，拿著隨身行李，跟著其他乘客走在走道上，遠遠一望，所有的機上服務人員，從容的和乘客一一道別，彷彿這十二小時不存在般，而你的臉色土黃、全

身痠痛，不敢相信自己和他們共度這些時間，這時，你終於打下最後的，第五個印象分數。

「關鍵主角」：機上空服人員

「關鍵時刻」：旅客離開飛機

「關鍵行為」：活力儀態、完整儀容、親切微笑、熱情音調、眼神專注

當你領到行李，走出機場，面對異國的陽光，與航空公司的結緣，終於告一段落，而你因為這五次的「關鍵接觸」，為這家航空公司打了五次分數，五次的關鍵接觸分數加加減減下來，會讓你有一個印象評價的總分，而這個總分，會讓你決定要不要再搭乘這家航空公司。

- **這些關鍵主角都必須經過完整訓練，並且意識到自己正進入到關鍵時刻（關鍵四英尺），才能發揮關鍵的槓桿效果。槓桿效果意指只需輕輕使一點力，就可以得到相加甚至相乘的結果。**
- **關鍵主角具備主動性，以專業為底，站在顧客的立場隨時介入關鍵時刻。**

此時，「同理心」是關鍵元素，因為關鍵主角必須為顧客設想，才能增加關鍵時刻的效用。

- 「授權」是整趟關鍵時刻的最大關鍵。企業必須透過授權，讓關鍵主角可以處理現場狀況，展現專業，以及熱情主動，如此，才能達到關鍵效果。

我把以上的「關鍵時刻」為大項目，「關鍵行為」為小細節，整理出以下表格：

關鍵時刻自我評估表（以旅客航空旅遊為例）（1最低分；5最高分）

旅客 check-in		1	2	3	4	5
1	服裝儀容					
2	親切微笑					
3	招呼歡迎語					
4	雙手拿取顧客護照簽證					
5	說明班機狀況					

		1	2	3	4	5
6	確認座位					
7	確認行李托運及重量					
8	說明轉機注意事項					
9	確認是否需要其他協助					
閘門：旅客準備登上飛機		**1**	**2**	**3**	**4**	**5**
1	儀態儀容					
2	微笑待機動作					
3	廣播聲音的熱情音調及說話速度					
4	稱呼乘客姓氏					
5	撕下登機牌					
6	遞送登機牌					
7	服務速度					
8	登機狀況告知					

空橋：旅客進入飛機		1	2	3	4	5
1	儀態儀容					
2	熱情微笑					
3	見面招呼					
4	熱情音調					
5	眼神專注					
6	座位引導					

餐飲服務		1	2	3	4	5
1	儀態儀容					
2	親切微笑					
3	親切音調					
4	產品需求詢問					
5	產品推薦					
6	產品放置					
7	產品收拾					

旅客離開飛機		1	2	3	4	5
1	活力儀態					
2	完整儀容					
3	親切微笑					
4	熱情音調					
5	眼神專注					
總分						

我藉由搭乘飛機，為「關鍵時刻、關鍵行為」進行示範，你可以同樣的方法，自行整理專屬於自己的表格。行為動作只要經過表格整理，就能量化。不斷檢視自己與顧客的每個關鍵點，理解自身的銷售動作哪裡可以再加強，看著表格分數的起落，你可以不斷檢視自我銷售狀況。

你跟著我的思路走了嗎？

因為我們要複製這段旅程，放在你的銷售中。卡爾森透過關鍵時刻的管理，讓北歐航空在半年內將虧損的八百萬美元打平，接著，更在下半年賺回一千七百萬美元，而這一切只不過用一個簡單的概念和做法：經營和顧客的「關鍵時刻」。

你想擁有這樣驚人的成果嗎？不只賺錢，而是在關鍵時刻，輕鬆的賺大錢？

一九八四年《民航世界》雜誌決定將「年度最佳航空公司」殊榮頒給北歐航空，讓一家員工士氣低落、市場占有率落後、赤字累累的公司，徹底改頭換面，提供全世界最佳的商務班機，並開始獲得豐厚的盈餘。

他們做得到，你也可以的！

陪顧客走一段美好的旅程

對於關鍵時刻一詞，更貼切的說法是：「讓顧客覺得買東西這件事，就像展開旅程一樣的貼心舒暢。」而銷售人員所扮演的角色，就是提供顧客的生命場景或片段，顧客走進銷售人員所布置好的，或者期待的環境裡。每位顧客都在等待一種驚喜，一種經驗的創造，一種希望能再走進來的美好旅程，而從事銷售工作的人員，就是扮演最佳的互動場景，是個介面，也是個創造者、引言者，在短暫的一眼中，或者微小的分鐘、小時內，讓顧客和產品，產生有價值的對話。

從下一章開始，我們要來複製北歐航空的關鍵時刻步驟，且在每個關鍵步驟定義出「關鍵行為」，讓每一位拿到這本書的你，照表操課，不必倚賴過多的心法，因為，我會告訴你該怎麼做。

本章重點

經營關鍵時刻：學習北歐航空

1. 「關鍵四英尺」是成交的關鍵元素。當與顧客有感官上的互動，例如眼神互動、問答、遞送等，只要站在顧客角度，顧客會加以評價的所有銷售動作，都是關鍵四英尺的重要元素
2. 「關鍵時刻」來自於與顧客接觸的關鍵剎那，做到讓顧客完全滿意的服務動作，它讓北歐航空起死回生，甚至得到一九八四年年度最佳航空公司殊榮。
3. 「關鍵主角」決定每個關鍵時刻的品質展現，關鍵主角可能是重複的一批人，卻能展現不同的關鍵服務動作。
4. 「服務意識」、「服務主動性」、「服務授權」是展現「關鍵銷售」的三個重要元素。
5. 「陪顧客走一段美好旅程」是每位銷售人員的主要任務，讓顧客去體驗、去感受，而不是透過急促成交，讓交易只有一次。

Chapter 4 當他的銷售顧問

我問超級銷售人員，是怎麼做業績的，
他的回答是：「我不知道耶，我就是一直都這樣做。」

如果你問網球好手費德勒（Roger Federer）如何以正手拍拍出橫越對角線的致勝球，或者，訪問高爾夫球大將老虎伍茲（Tiger Woods）是怎麼揮出三五〇碼遠的右偏球，答案都一樣，他們「不清楚！」他們已經把所有動作融入到肌肉記憶，遇到狀況，會直接由大腦判別意義，立即做出反應，難怪當電視台記者訪問阿根廷足球明星馬拉度納（Diego Maradona）時，他曾說：「我一生出來，雙腳就已經知道怎麼踢球！」這種因為透過高度的練習，所產生的自然動作，我們稱之為：「專業引起的失憶」（expert-induced amnesia）。只是，運動界有專家在解析運動員的動作，但是在銷售界裡，卻少有人這樣做。但我需要立刻幫我所服務的企業，找到製造超級銷售人員的方法。公司銷售人員高度流動，招募速度慢，新手上路更是龜速。無奈業績不等人，老闆也等不及了，我被要求在短時間內找到培養超級銷售人員的方法。

零售業的業績壓力很大、工時很長、顧客狀況也多。要想長期從事這一行，需要喜歡新事物，對工作超級投入，並且知道如何紓壓和創造成就感。當年我在全球最大法商美妝集團工作時，大老闆一天內至少會盯三次業績，我的好朋友，業務主管 KiKi 曾經告訴我，十二月三十一日晚上十二點，是全世界銷售人員最沮喪的一天，別人都在看煙火，她呢，擔心新的一年開始，所有業績歸零，從零開始的感覺，實在很令人沮喪。

但是 KiKi 的壓力不只來自業績，更來自人員高流動率。

當時品牌的人員流動率曾經高達五〇%以上，人員流動意味著業績流失。因為人員會帶走主顧客，而如果人員移動到競爭品牌，對我們的損失更是慘重。後來 KiKi 因私人因素離職了，我必須一個人扛下招募、培訓新人及穩定老鳥心情的超級任務，我幾乎崩潰。我跑去百貨公司問超級銷售員：「你是怎麼做業績，我想要了解更多箇中秘密。」但我每次都失望而歸，因為他們說不出具體事項，或者，也不知道該怎麼說。但是，我需要快速複製超級業務，我需要找方法！

當我接觸到北歐航空公司的故事時，我的直覺告訴我：我找到答案了。

事實上，北歐航空的關鍵時刻經營，帶來的企業體質改變是如此巨大，獲利如此迅速，因此在一九九〇年代成為服務業的顯學。許多以人力堆疊出的高密度服務業，大量使用關鍵時刻的概念，以此作為服務業自我提升的心法及工具。

關鍵時刻也開始在銷售界運用，並獲得具體成果。透過將銷售旅程切割，將原本非常經驗導向的銷售，開始有系統、有步驟、有結構。

好消息是，只要有系統、有結構，就可以複製，開始教別人，讓別人可以跟著做。就像本書，我可以將銷售經驗切成一塊一塊，讓你照著每個步驟，不斷的複製、練習，練習、複製。

我在實踐「關鍵時刻」的培訓經驗上，至少有十年左右的時間，為了證明這套方法的有效性，並且看到對業績的挹注，我在品牌擔任培訓主管時，特別整理出某些關鍵行為會帶來多少「關鍵業績」。

我曾經透過界定關鍵時刻的行為，推行到亞洲最大的養生食品零售業者。透過和銷售單位主管合作，了解顧客從接近店面，到離開店面的整段服務過程，並親身扮演顧客，謹慎找到「最關鍵」的關鍵時刻，開始定義出每個「銷售行為」。我們驚訝的發現，只要找到關鍵時刻，完全不需花額外成本，不但提高顧客滿意度，業績也相對成長。

關鍵第一步：先找到「銷售段落」

要使用這套方法的關鍵，就是你得先找到顧客在意的到底是什麼關鍵點，會打分數的是哪一剎那。

當我們試著使用這套方法時，一開始霧裡看花，因為和顧客接觸的點實在太多了，包括對顧客微笑、顧客詢問產品在哪裡、協助顧客結帳……等都是，我們一群人鎖在會議室中，討論又討論，一開始真的找不到出路。

過程太累了，業務主管丟下一句話：「我又不是客人，我怎麼知道他什麼時候會打什麼分數。」就走出會議室找咖啡提神。就是這句話，啟發了我的靈感，我跟培訓部副理蒂芬妮說：「那我們就來當真的客人，看看如果是顧客，會怎麼看整段銷售過程。」於是放棄專業、放棄熟悉感，用放空的心情走一趟店面，我們驚訝的發現，當換位思考，用顧客的眼光看自己，真的跟當局內人時的心情完全不一樣。即使到今天，我還是有一個習慣，每個月都會到某品牌店面擔任神秘客，體會顧客的感覺，以及種種銷售的細節和步驟。

我們以尼爾・瑞克門（Neil Rackham，《銷售巨人》（*SPIN Selling*）作者在荷士衛研究機構（Huthwaite），以十二年時間，分析超過三千五百個銷售案例的銷售系統為思考模型，以「建立關係」（Build Relationship）、「探索需求」（Explore Needs）、「展現專業」（Provide Expertise）、「期待再見」（See you again）為四個階段，以此進行內部的銷售模式，並予以驗證是否有銷售結構。

為了驗證銷售流程，我邀請三位朋友擔任神秘客，並透過事後訪談的印象整理，發現有這四個與顧客接觸的「銷售段落」的確是關鍵，因此，我們以此架構開始進行流程設計。這套銷售系統，讓初次接觸銷售的人，快速找到方向和方法，讓菜鳥立即上手，並讓普通銷售變身為超級銷售。

我強烈建議，你可以透過四個段落開始進行自我學習或調整。

關鍵第二步：成為顧客的「銷售顧問」

在進行說明之前，先聲明這套銷售方法的前提。

我們必須承認，現在顧客的選擇很多，而顧客的防備心牆也高，因此我們要求銷售人員放棄「纏鬥功」，放棄「產品至上論」，這些，我們已經跟讀者們強調了，衷心希望這些失敗的銷售故事，能讓你下定決心學習新方法。

那麼本書邏輯建立在什麼基礎之上呢？答案是：以心理學的說服，結合顧問式銷售（Consultative Selling）的方法，最後再以傳統的銷售締結，進行強力成交。

顧問式銷售興起於一九九〇年代，銷售人員針對顧客所需，提供諮詢，以專業知識，主動提問，來「推測」顧客的需求，藉由專業的產品和服務建議，符合顧客所需，解決顧客問題。

顧問式銷售與傳統銷售相比較，前者更注重買賣雙方深刻的關係，而不是一次交易而已。顧問式銷售也要求銷售人員投入更多的情感在雙方的關係上。一旦銷售人員建立起「顧問」形象，我們就可以預測，顧客忠誠度高，且不容易因為價格變動，或顧客抱怨，業績被取代。

我在帶領銷售團隊的一開始，會先確認他們心態上的自我定位，先在內心認同「顧問專家的角色」，畢竟，銷售就是在「推銷自我」，我以醫師診斷的過程做說明，以了解「顧問式銷售」的關鍵元素。

假設你今天人不舒服，趁著拜訪客戶之餘，或是下班之後，帶著健保卡到診所掛號。等了半小時終於輪到你，你走進診間，看到醫生了。

醫生穿著白袍，專業形象非常符合你心中的「醫師期待」，醫生戴著厚厚的眼鏡，頸部掛著聽診器，年紀約五十歲上下，「應該」是一位資歷很深的醫師。你沒見過他，但是你卻「確定」你找對人了。

「張小姐，你怎麼了？」醫生主動問問題。

「醫生，我喉嚨痛，骨頭痠痛，吞東西也會痛……」你試著將問題告訴醫生。但是，誰知道你的陳述是不是對的，也許，你的肚子也咕嚕咕嚕叫著，同時你也沒注意到，前一個小時，你已經開始咳嗽了。

「我來看一看。」他會根據你所說的，初步判斷病情，這時他拿出壓舌棒，要你張大嘴巴，先以肉眼目視確定喉頭是否發炎。接著，拿出耳溫槍往耳朵一放，看看是否超過三十八度。最後，兩手拿起聽診器，確定呼吸是否有雜音，等所有檢驗動作完畢。他看著你的雙眼發問。

「這樣多久了？」他其實心裡有答案了，現在正在做推敲。

「有沒有對什麼藥物過敏？」他已經知道問題在哪裡，現在，已知道要開立什麼藥方了。他只是在做最後確認動作。

「你只是感冒。」他宣布答案了。

「我開給你三天藥，藍色藥包是白天，三餐飯後吃。綠色藥包是晚上睡前半小時吃。張小姐，因為你上班需要，喉嚨長期發炎，我擔心你接著會咳嗽，因此我多開了一個藥水給你，如果開始咳了，你就每餐飯後喝個五ＣＣ即可。紅色藥包則是發燒到三十八・五度時，立刻吃。這是特別幫你備用。」醫生提出藥方，並且做完整的說明，以確認使用方法無誤，而可以達到最佳治療效果。

當你帶著感激的心情，覺得這個醫生真是萬能，竟然能預測你的病情，而且，是那麼的為你著想，幫你先準備咳嗽藥水和發燒藥包，一離開診所，整個人就感覺像好了一半。

這整段過程，就是「顧問式銷售」的精神。

相信我，醫生的看診有ＳＯＰ步驟的。他們能預測病情進程，也知道使用藥的極限。但是，醫生們在確定用藥之前，仍必須透過**「提問」**、**「確認」**、**「說明」**來確認**「對症下藥」**。不要忘了一個重點，就是當你離開診所時，你那雀躍的心情，是的，這整段過程，會讓你不論病情是否立刻好轉，都會讓你下次有狀況時，急著再來找他的「未來期待」。我相信，你不會隨意的到任何診所看病，有狀況，你會死忠的跟著這位醫生，你會有「忠誠度」，因為你曾經有過被照顧且難以忘懷的看診經驗，這點，是很難被取代的。而這就是「顧問式銷售」要追求的精神。

顧問式銷售的要點

- 要成為顧客的專業顧問，銷售人員必須和顧客建立「朋友關係」，意即雙方在未來有互動機會。
- 要建立朋友關係，找到彼此的「共同點」是關鍵。

如何成為顧客的朋友，是一門學問，尤其，很多銷售人員在遇到頂級顧客，或高資產客戶時，原本的自信會因為緊張而打折，整個人突然變成縮頭烏龜。

我讓你感受一下所謂突然變成縮頭烏龜的感覺。

假設，鴻海的董事長郭台銘先生現在坐在你身邊，請問你要怎麼和他建立「朋友關係」？

我想答案肯定不是問他鴻海擴展版圖有多大，影響的員工有多少人。談工作，你的視野不如他。談生活，又怕一下子冒犯他，你得想辦法，引起他的興趣和關注。你必須展現換位思考的能力，你要想，他什麼都有了，那麼，他到底想要什麼？另外，有沒有什麼是你可以和他對話的共同話題，想一想，如果你挑起了話題，引起他的興趣，那麼，你在這位顧客的印象裡，就不只是個專家，還是個了解他並且專業到可以解決問題的人，因為「他很厲害，他知道我要什麼！」有關這部分，我們會在第五至七章討論。

- **要成為顧客的專業顧問，銷售人員必須「展現積極的自信」**。
- **自信的基礎來自「專業知識」**。

在整段銷售過程裡，顧客會用各種方式確定你的專業度，因此你必須一開始即表現出自信的態度，不要急著成交，反倒是要站在顧客的角度，去衡量他的所需。我常說：「**賣顧客需要的，而不是賣你想賣的**。」被金氏世界紀錄連續十二年認證為世界賣車紀錄第一名的喬•吉拉德（Joe Girard）即曾表示，他成為世界級超級業務員的方法，就是透過熱情的互動、自我經驗的分享，和顧客立即建立關係而成。

- **提供對顧客最有利的專業建議**
- **信任關係的建立，來自於顧問的態度**。

牛津字典對於顧問的定義：「有足夠的資質提供專業的建議和服務的人。」而顧問的立場必須「展現中立、無私、專業、以站在第三者的角度，提供沒有商業利益的建議。」

在我的經驗中，藉由簡單的提問，一針見血的直指顧客的問題或所需，是最能在短時間建立雙方信任關係的方法。我個人相當喜歡尼爾•瑞克門在《銷售巨人》一書中對問題的分類和運用。有關這部分，我們將會在第八至十章討論。

本章重點

當他的銷售顧問

1. 系統化的銷售，讓銷售新手找到方法立即變成銷售好手。
2. 「關鍵段落」是銷售系統化的第一步，也是前提。必須站在顧客的角度，定義出對顧客有意義的銷售動作。
3. 「顧問式銷售」是銷售系統化的第二步，銷售人員必須放棄傳統業務心態，將自己定義為「成為顧客的專家」，過程類似醫師看診的特色。有三個要點：
   - 「建立朋友關係」展現換位思考，尋找共同點。
   - 「展現積極自信」建立自己的專業，展現銷售熱情。
   - 「無私的專業建議」直指顧客問題及所需，給予中立、無私、專業的第三者建議。

Step 2

銷售前哨站
贏得好感

世界上偉大銷售人員的重要特質，就是擁有自信。

而自信來自成交，所以儘快讓自己成交第一筆單，以肯定自己的能力。銷售自信來自於夢想，先設想自己的夢想，才能朝目標前進。

有了自信，接下來就是邁出銷售第一步，讓陌生客對你有好感，所以要學會管理儀容。

第二步，與顧客進行「破冰」對談，兩個方法讓你的破冰技巧即學即用，再以SONCAS的溝通方法，透過幾個關鍵字，立即判斷「顧客類型」，快速與顧客建立關係。

Chapter 5
培養業績自信

跟我們從未謀面的陌生人，花二十分鐘思索的相關訊息，對我們的了解可能更勝交往多年的好友，為什麼？

我很喜歡這個故事，常拿來和銷售人員分享，因為，接下來要談的，是很多銷售人員經常會忽略的部分。

一九八三年九月，義大利藝術品商人貝奇納（Gianfranco Becchina）和美國加州的蓋提美術館（J.Paul Getty Museum）接洽，貝奇納宣稱，擁有一座西元前六世紀的希臘少年雕像，保存完好，開價一千萬美元，希望蓋提美術館購買收藏。

蓋提美術館大感興趣，委請加州大學地質學者瑪格利思（Stanely Margolis），展開一年又兩個月的查證後，證明少年雕像並非贗品，因此館方同意買下這座雕像，並在一九八六年正式亮相，成為館內最受歡迎的館藏。也是媒

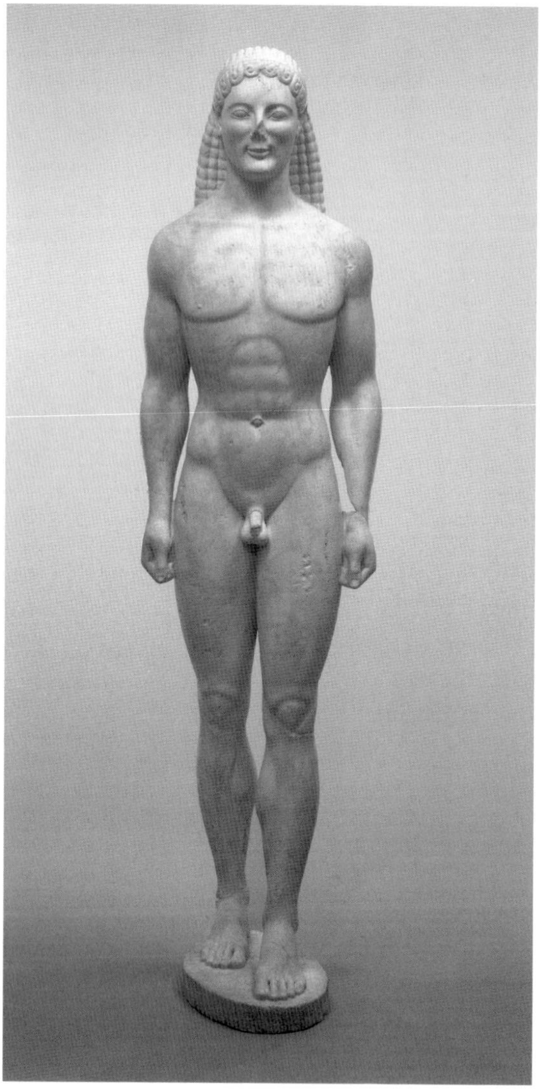

美國加州蓋提美術館蒐藏的少年雕像。

體報導的焦點，畢竟，價值一千萬美元的古希臘文物，對美國民眾而言，不僅添加文物寶藏，也更證明，加州不是只有好萊塢文化而已。

把握決戰兩秒間

一九八三年底，全球最負盛名的希臘雕像專家荷莉森（Evelyn Harrison）來到這座雕像前，當她抬頭看到這尊高達三公尺的雕像時，感覺這座雕像似乎少了什麼。荷莉森帶著疑問離開加州後，邀請紐約大都會博物館前任館長霍溫（Thomas Hoving）到蓋提美術館看這座雕像。霍溫館長也經歷了荷莉森一般的感受，霍溫第一眼看到這座雕像時，腦海中浮現的竟然是：「新穎」（fresh），「新穎的確是很古怪的反應」，霍溫回憶道，他也不了解自己為什麼會有這種反應，還轉身對蓋提美術館的人問道：買了嗎？結果，蓋提美術館的人一臉錯愕和驚嚇，因為，當時已經簽好購買合約了。

少年雕像的真偽因此變成一個謎，無數的檢測，包括電子顯微鏡、電子微探針、質譜儀、X射線，都再再證明這座雕像來自希臘，且雕像最上層的白雲質大理石需要好幾百年，甚至數千年光陰才會成為方解石。簡而言之，它，不應該是贗品。但是希臘藝術專家認為這個雕像是個令人困惑的「拼湊之作」，分析到最後，你猜：地質學家用科學儀器檢測出來的結果，是真的，還是如兩位專家級人物的直覺判斷，是假的？

經過數年的爭論，這個雕像最後無法確定為真！這座少年雕像的藍圖很像是一九八〇年代羅馬一名雕像仿製家的成品。因此，你現在到加州蓋提美術館，可以看到這座少年立像的註腳寫著：「約西元前五百三十年，或為當代贗品」。精彩的完整故事，你可以參考葛拉威爾（Malcolm Gladwell）的《決戰兩秒間》（*Blink: The Power of Thinking Without Thinking*）一書。

在這一眼的瞬間，人類大腦已經用跳躍的方式，直接下結論。透過以前的經驗、學習，每個人對生活、工作、購物行為，進行直覺判斷。而此種對人、事、物的瞬間決定，往往在一開始，就主宰交易的與否，但是，許多人都忽略了這個瞬間互動所帶來的影響力。其實我們每天都在經歷「決戰兩秒間」。

全世界最大商業書摘網站益得書摘（get Abstract）的創始人，也是瑞士知名文學家、思想家的魯爾夫•杜伯里（Rolf Dobelli），在二〇一一年出版的《行為的藝術》（*Die Kunst des klugen Handelns*）一書中談到「期待」對人類行為的影響。當事情沒有按著人們的期待發生，所產生的反彈，會無理性、大幅度的反映在股票市場。這個有趣的結論，告訴我們一件事，期待充滿了自我的強烈暗示，人們會朝著暗示進行自我催眠，並且讓想像成真。這種「比馬龍效應」（Pygmalion Effect）[1]在生活中每個環節，四處可見，例如，當我們到精品店，會理所當然要求高檔服務；例如，我們不會懷疑高檔精品品牌會用「便宜的」酒杯讓貴賓喝香檳酒，我們也不認為「頂新」這麼大的集團，竟然會使用髒污的地溝油製作食品。**由於「期待」的力量是如此之大，會讓我們把許多事情視為理所當然。**

「決戰兩秒間」就是在一開始，就創造顧客對我們的期待，只要有對的開始、對的聯想與對的期待，銷售，就只是讓這個期待，自然成真。

可惜的是，許多銷售人員往往忽略「決戰兩秒間」的力量，並以自己的眼光「矯飾」和顧客的互動，把與顧客互動的前哨站，設定在「銷售人員看到顧客的剎那」，**錯！大錯特錯！**

我來告訴你為什麼。

誰先看到誰？

我在擔任公關暨教育訓練經理時，曾經發生一件客訴。當時，我對那位顧客的無理滿有情緒的，但是，隨著與顧客的互動越發多樣，且事過境遷後，我發現，我漏了一件事。

這位銷售人員，我姑且稱她：莉莉。莉莉大約三十歲，身高一六五公分左右，體重不到五十公斤，高䠷、清瘦，一件式洋裝制服穿在她身上，活像模特兒把台步搬到專櫃裡，就是好看，但是，她有兩個很大的狀況。

她的婚姻在孩子不到週歲時，就斷然結束，帶著襁褓中的小孩，在零售業站櫃上班，是非常辛苦的事。三十歲的她看起來愁容滿面，那個苦，不知道是來自於想念孩子，還是怨嘆婚姻。開口問她還好嗎，她只是乖巧的說沒事，沒事，她都說沒事了，挖人隱私總是不好，即便想要開導，也沒法真的解決她的心事。但撇開這些狀況，莉莉的產品專業和銷售技巧，卻是沒話說，果然是待過大公司大

1 比馬龍效應

一九六六年於美國推行的一個有關教育心理的比馬龍效應實驗中，研究人員在一批小學生當中，先測試他們個別的智商，再隨機抽出二〇%為實驗組，然後對教師聲稱這批實驗組學生是資優兒童。大約一年後，研究人員再為這些實驗組學生測試智商，發現平均增長率明顯高於其他學生。

為什麼本來僅是平均資質的學生，被點名為資優兒童後，智商發展會突飛猛進呢？原因在於教師們對被欽點為資優兒童的學生特別照顧，令這批實驗組學生能夠從老師的特別關懷、重視、鼓勵，以及愛護中，增強了自尊和自信，刺激了學習動機，加快了成長速度。

比馬龍效應是近代教學研究的重要發現，比馬龍效應是指人在被賦予更高期望後，會表現得更優秀。

品牌的，來我這裡三個月了，業績直逼銷售第一名的店長。

人緣不好的莉莉，有一天下午兩點左右到班，另外兩位同事急著交班，希望她三十鐘內接班。莉莉因此匆匆忙忙到地下室一樓美食街，囫圇吞棗的吃完一個排骨便當，隨便補個妝，就在櫃上站好，開始當班值勤。

才站好沒多久，這時她發現，右邊的臼齒卡了一塊綠色的蔥，這一小塊蔥是因為吃飯太快，來不及細咬，結果卡住。本能的，她開始要用舌尖，想把那塊蔥給剔出來。

她試了好多次，舌尖因為太使力了，有點麻痛，她氣自己不該吃得這麼匆忙，邊想著，舌尖又再用力往後頭臼齒地方竄，因為整個心思都在舌尖，還有那塊卡在臼齒的蔥因此莉莉眉頭皺了好幾下，而這些負面的銷售動作，莉莉渾然不知已經被顧客看見了。

綠色的蔥很頑固的卡在臼齒裡，似乎沒有動搖的趨勢，實在很傷腦筋，怎麼辦？莉莉邊想著，因為太專心了，讓原本垂放在兩邊的雙手，竟然不自覺的交叉起來，莉莉心裡想，我已經被生活打敗，也被婚姻打敗，我不要再被一小段蔥給擊垮了。因此，兩手交叉抱在胸口，皺著眉頭，眼睛瞪大，她誓言要打敗這個讓她極端不舒服的小東西。

她氣得很，跺了一下腳，就這麼一施力，蕙竟然從臼齒的縫隙中，鬆脫出來，她重展笑顏，總覺得困難還是可以解決的。但她不知道，這一切，看在一位站在對面走道，打算過來買保濕精華液的顧客眼裡，完全不是我文字所描述的樣子。

隔天早上九點鐘不到，我就接到客訴電話，我還清楚記得一些細節，以下是同一個故事的顧客版本。

「我昨天下午去你們專櫃，遠遠就看到櫃檯站了一個小姐。本來我朋友要直接過去買精華液，但是我覺得你們家東西太貴了，正在跟我朋友討論要不要買的時候，我遠遠看到你們小姐……」她倒吸一口氣，然後連珠砲的說：「看起來就好像很不開心，一副拒人千里之外的樣子，我才往前走一步，她竟然皺起眉頭，兩眼露出凶光，接著還雙手交叉抱胸，感覺很凶的樣子，接著，她更可惡了，竟然還跺腳。這是怎樣，叫我不要過去買是不是？你們業績好成這樣，是這樣對客人嗎？」她好激動，但這誤會大了。

莉莉沒有注意到顧客的關注早就開始，我也漏了這個細節：原來和顧客的關鍵接觸前哨站，其實是從「顧客看到我們」就開始，真正的銷售，來自於「你還沒看到顧客」之前，而這一切，只有短短兩秒鐘！你已經看過希臘少年雕像的故事，你應該知道，銷售人員如果沒有投資自己，為自己準備好，顧客只需要輕輕一瞥，就會直接跳到結論，在心裡立刻做出決定。有關銷售前哨站，有個部分要先準備好：建立銷售自信。

建立銷售自信

你喜歡銷售嗎？

若在十年前問我，我的答案一定是：「不喜歡！」甚至會大聲吶喊說：不！我的人生志願，就是希望能安穩的坐在辦公室，在外商優美的環境工作，如果有機會，還可以趁著到國外開會時，瀏覽一下難得的異國風光。銷售，壓力好大，而且，令我害怕。

人生就是這樣，越逃避的事，越會不知不覺到你跟前。

現在，讓我問你另一個問題。

你喜歡你所銷售的東西嗎？

對我而言，自己不喜歡的東西不賣，我要求自己，自己賣的東西全部都要使用過，而且我是賣理念、賣想法、賣概念，不只「賣東西」！

當我服務於法商某品牌時，我告訴自己，我販賣的是一種法式的傳統、優雅。

我把銷售給喜歡法國經典品牌、注重質感的顧客。我希望這群顧客，在塗抹瓶瓶罐罐之餘，多了一份女性自我欣賞。這是我的理念，而也因為這份理念，所以我才會推薦適合她們的商品。

銷售理念，是偉大銷售人員的重要特質。業績的自信來自對自我理念的認同。許多銷售人員陣亡，泰半來自對銷售達成的極度渴望。他們設定激進的業務目標，沒有給自己經營客戶的時間，因此到了三個月、六個月，沒有計畫的亂槍打鳥，發現業績達成不到五成時，銷售步調就開始亂，心情開始浮動，信心不夠堅定的結果，就是放棄。但銷售是這樣的，就像蓋房子的過程，當你花越多時間，把地基扎得越穩，所蓋出來的房子，才會又大又穩。

學會時間管理

當一名銷售人員，最主要的工作動力是「金錢回饋及榮耀肯定」。銷售人員的主要收入就是他的業績，透過業績總和的達成，計算出來的個人業績和團體業績比例後，那就是每個月的收入。

假設你的店面一共有三個銷售人員，如果個績占比二%，團績占比三%，假設這個店面這個月的發票金額業績是一百萬元，依照這個業績比重，聰明的你很快可以算出，你一年大概可以領多少，但這不是重點。因為這是你「可以計算出來的收入」。

但是，我要你展現更多企圖心，為了你的夢想，你「想要賺多少錢」呢？

對我而言，為了我的人生計畫，設定工作目標非常重要。作為一個積極的銷售人員，我不會讓業績「自然發生」。我會設定我的夢想目標，而且會將整體目標切割成小目標，我甚至透過買房子還房貸的壓力，逼迫自己將二十年的房貸在五年內還清。

如果你一年想要賺一二〇萬元，那麼你一個月至少要有十萬元的收入，十萬元的收入計畫從四〇%的團體業績，六〇%的個人業績中達成，你就得開始計畫了，因為一個月得做到七百萬元業績，一個星期要有一七五萬元目標，一天得有二十五萬元，每小時至少有三至四萬元的實質產出。經過這樣的計算，你會知道，一年工作約二七〇個工作天，一天八小時，每個小時你要衝出四萬元的業績。你會開始節省的且善用你的寶貴資源：**時間**。

時間管理是銷售人員最重要的基本能力。

我的習慣是，將時間切割成日、週、月、季四個單位外，我再將「每日」分割成「開店後到下午兩點中午人流結束」、「下午兩點到五點午茶逛街人潮」、「下午五點到下午七點下班人流結束」、「晚上八點到關店結束」四個大時段。

每個時段的人員配置、顧客型態、主力商品等重點都不同，為了善用時間資源，所以分割出四塊消費族群。

上班午餐族	逛街貴婦族	下班閒晃族	有緣來客族
開店後 到下午兩點中午人流結束	下午兩點到五點午茶逛街人潮	下午五點到七點下班人流結束	下午八點到關店結束
附近上班族	住宅家戶人潮、習慣性逛街購買、高單價VIP或服務型熟客	商圈逛街人潮、通勤族	商圈逛街人潮情侶或目的性購買
同質、群聚性高	同質、單獨逛街機會高	不同屬性、單獨逛街機會高	不同屬性、臨時客
喜歡特價優惠、快速買單特質	要深入懇談、需要熟悉度、VIP獨家、高門檻消費	喜歡時尚、新穎、限時特價優惠	要快速找到需求、新穎、時尚、期待產品有獨特性

當銷售開始有時間切割，並且有銷售重點，就更可以以不同的銷售技巧，達到銷售的目標。

你會小心的計畫工作行程，並且把有限精力和時間運用在每小時的業績產出事情上。也會開始有積極動力，接觸一切和促成業績目標有關的人、事、物。

擔任銷售人員，讓自己的第一筆業績來得越快越好，因為這是建立自信的方式。

我一直鼓勵銷售同仁，要能夠賺錢，才會想要賺更多錢，當「金錢腦」開始動了，許多完成業績的方法，自然出爐。帳戶的入帳，將成為提升自己的動力，並開始以專業和服務的獨特性，鎖定主顧客，建立顧客忠誠度，業績一旦深耕，你做業績的方法自然和其他業務同仁開始有區隔。

設定夢想目標

有了經濟基礎，甚至行有餘力，我要你開始設定你想要的日子。

我的說法是，請你預想未來，一個你想要的生活方式。

我碰過許多超級銷售人員，包括汽車、房屋仲介、健康食品、家用電器，他們的共同點是，會預想美好的未來，並且放在心裡，成為他們工作的動力。

也許你想要買更大的房子，讓家人可以住在一起。也許你想要趕快把房屋貸款還清。也許你終於可以籌得去歐洲遊玩的旅費。也許，你可以偶爾的去感受一下百貨公司血拚的快樂感覺。這是你的錢，你賺的錢，每一個花費都是這麼扎實，讓你感受到生命的存在。你覺得生命操之在己，你覺得生活由自己安排，因此你要當銷售人員，而且要當超級銷售人員。

我在二〇一二至二〇一三年擔任商周學院超業講堂的客座來賓時，認識一位難得聊得來的好朋友：富邦人壽業務經理楊美娟。美娟入壽險這一行十六年，連續十三年蟬聯富邦人壽業務年度第一名榮耀，並以最短時間拿到壽險國際龍獎ＩＤＡ的首屆終身會員、美國百萬圓桌會議ＭＤＲＴ的終身會員。美娟的人生已經「行有餘力」，因此她設定每年捐一百萬元台幣做慈善公益活動。在商周學院的會場中她分享，現在的她公益腳步已經深入大陸，她協助鄉村小學購買文具用品、購買電腦，她利用空閒時間親自跑農村學校，她要那些孩子記得，「當我小的時候，台灣人曾經幫助過我」。

我也相當喜歡布萊恩・崔西（Brian Tracy）的業務書籍和文章。那是我激勵自己的方法。在《超級業務都是這樣想的》（*Be a Saels Superstar*）一書中提到，ＴＯＰ一〇%的銷售人員總是樂觀的，並且對成功抱有高度期望，因此總是野心勃勃。野心，設立目標、勇氣，毅力，對銷售人員相當重要。銷售人員必須透過「自我積極對話」，把銷售這條路走得端正，又有自信。

本章重點

培養業績自信

1. **設定目標**：決定自己要賺多少錢，享受金錢肯定與榮耀。因此必須設立清楚的目標，來決定自己的動力。

2. **時間管理**：將時間切割成日、週、月、季四個單位之後，再把「每日」割成不同大時段。可以依據你的產業自行定義。時段切割後，再予以人員配置、了解顧客型態、設定主力商品。

3. **預想未來**：請你預想未來，這是你想要的生活方式。因此讓自己的第一筆銷售來得越快越好，因為這是建立自信的最快方法，當金錢腦開始動了，各種達成業績的方法自然出爐。

Chapter 6

贏得陌生客好感度

我判斷一個銷售人員是否有經驗，是否能透過聆聽了解我的需求，是否真誠的為我服務，都來自銷售人員的「眼神」。

你相信外表的優勢嗎？

《區域經濟學家雜誌》（*The Regional Economics*）在二〇〇五年四月號，發表一篇論文〈工資與外表間的關聯〉，說明一個人的薪資收入，和外表長相大有關係，報告中提出，長相美的人比長相醜的人，薪水多增加一四％。

如果你對希臘少年雕像的故事記憶猶新，那麼，我們都無法否定在初次見面時，每個人都會根據以往的記憶和經驗，在兩秒鐘內進行判斷，如果你認同這個故事所帶來的思考，那麼，我相信你應該能夠接受，平常就要打理自己的外表，讓自己在這兩秒鐘，有一個脫穎而出的好印象，為之後雙方關係，打下良好基礎。

因此，我希望你能管理自己的外表。我並不要求女人美如維納斯，男人精壯如宙斯，但是，請你不要拒絕對自己外表的呈現。記住，兩秒鐘的關鍵，特別是在重要的業務會談中，會決定你的業務命運。

三六〇度待機動作

兩秒鐘的秒殺力，不能等你看到顧客才開始，你必須隨時提醒自己，銷售人員必須隨時隨地，無時無刻，展現自信與專業。

待機，代表的是隨時準備好，不論是否在談業務，面對顧客，隨時都要有上場，且被檢視的準備。因此是「我們看到顧客之前」的所有準備。

■ 微笑

我深信微笑的力量，我一直對微笑可以減少人與人的距離感，增加對方對我的好感度這個想法，深信不疑。撇開我個人喜好，我有幾個鼓勵你隨時保持微笑的理由。

首先，人類對於微笑的臉部表情有好感。因為微笑會催發快樂多酚，進而產生好感度。展現微笑，展現出打從心裡的微笑，好感度指數會立刻破表。例如，依照行銷公司的統計，微笑、孩童，是創造好感度最高的元素。因此，要讓人喜愛的第一原則，不論男人女人，只要是人類，微笑是最好的答案。

其次，微笑會讓你的臉部表情相對放鬆。當我們皺眉的時候，臉部會牽動六十二條神經，這些神經線的牽動，對臉部肌肉是吃力且容易造成負擔。但是當你微笑時，只會牽動臉部二十六條神經，臉部肌肉幾乎是處於放鬆狀況，當然對於健康也有相對幫助。

最後，微笑讓我們更有親和力。當年齡逐漸增長，臉部的法令紋以及皺眉紋，我們稱之為靜態紋，會最先出現在你的臉上。所謂靜態紋路就是當你沒有做任何表情時，它們還是在你的臉上有明顯的刻痕。當你以為你沒有表情，但其實我們看到的你，是皺著眉頭的嚴肅畫面，因此我都建議年紀超過四十歲的讀者，隨時保持微笑，如此你可以把法令紋藏在兩頰肌肉，讓你不會有距離感，而且微笑最大的附加價值是：你甚至會看起來更年輕。

在我擔任教育訓練主管時了解到，要讓銷售人員隨時保持微笑，竟然是一件如此困難的事，他們共同的理由就是：做銷售的工作壓力很大，加上主管會盯業績，同時公司要一個人做兩個人的工作，不但要做業績，還要在門市進行環境清潔管理，雜事太多，「我實在找不出微笑的理由」，曾經有人當著我的面這樣告訴我。

說這句話的人，我實在不知道他到底了不了解，他在從事一項跟人有高度相關的工作。當一位銷售人員無法展現人類最好的親近表情：微笑，那麼我不知道他要怎麼開始經營他的事業。

為了幫助更多銷售人員了解如何表現微笑，在此，我界定出三種微笑，推薦給你做參考。

所有銷售人員，不論手邊正在忙什麼，只要意識到自己正在上班，從事銷售工作，就要展現一號微笑。「一號微笑」讓人看到你時，都覺得你處於氣定神閒，自信專業，從容以對的狀況。由於你無法知道什麼時候、什麼地點顧客會突然出現，那麼，就保持這個微笑吧，請記住，我們必須保持微笑狀態，因為是顧客先看到我們，並且在我們不注意時，就開始評比服務分數了。記得兩秒的威力嗎？

讓一號微笑成為你的習慣。從現在開始，不論手邊忙什麼事，或者只資料或報表，記住，不論你正在做什麼，或沒有在做什麼，都露出一號微笑。

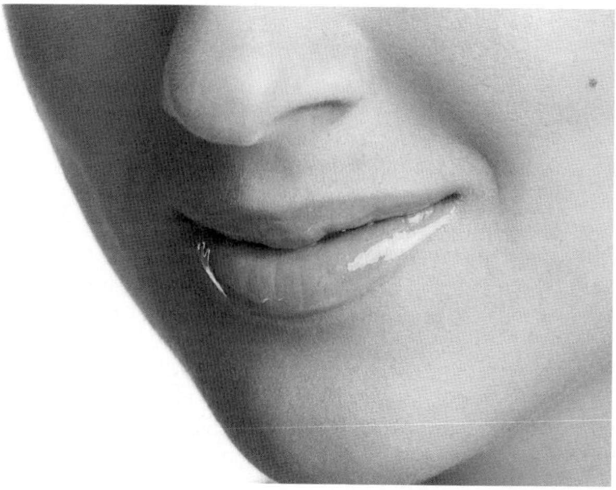

「二號微笑」是與顧客開始互動的微笑。

銷售人員只要眼神與顧客對上，就必須立刻做出「二號微笑」。與顧客眼神的交會，代表的銷售意義是：「您好！歡迎您的光臨。」、「您

一號微笑：兩邊嘴角壓住，嘴型呈圓弧形，兩頰拱起。

使用時機：任何時候。

使用對象：任何顧客。

請稍候，我立刻為您服務！」「有什麼困難需要我特別協助嗎？」二號微笑展現更多歡迎的氣氛和情緒，因為接下來你就要走向顧客，詢問他的需求，或者，開始跟他寒暄對談。

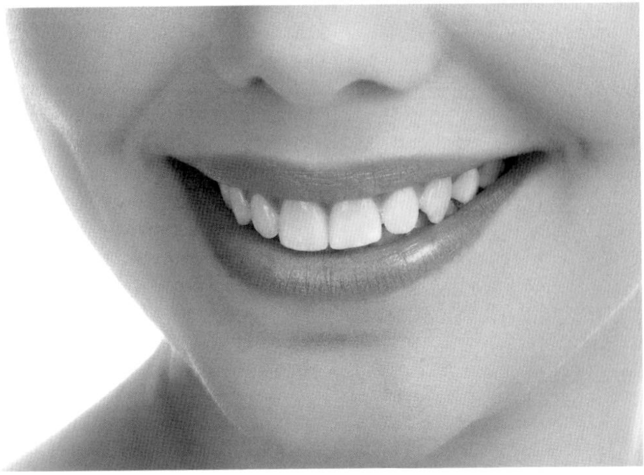

二號微笑：兩邊嘴角壓住，嘴型呈圓弧形，兩頰拱起，露出以上門牙為主的那一排牙齒。

使用時機：顧客招呼、顧客諮詢。

使用對象：詢問客、購買客。

「三號微笑」表現出更多的情感，當看到熟悉的主顧客、或看到特別需要建立關係的顧客時，就需展現此種能量較高的笑容，因為這種微笑的感染性高，較容易建立人與人之間的親近感。

微笑是一個發自內心的動作，真誠的微笑的確在銷售人員身上不易見到，當微笑被量化後，或許可以實際幫你，讓你隨時檢驗自己，出發前，是否隨時擁有

三號微笑：兩邊嘴角壓住，嘴型呈圓弧形。兩頰拱起，露出上下兩排牙齒，把嘴巴張開。

使用時機：看到主顧客時。

使用對象：需特別建立關係的顧客。

一號微笑，看到顧客第一眼時，是否展現二號微笑，與對方聊到真誠開心處，能夠散發三號微笑，讓顧客留下深刻印象。

同時，你也會發現，要真的做到三個等級的微笑，並不如想像中容易，因為，唯有真誠的喜歡、真心的感受，才能展現出這三種不同能量的笑容。

■ 眼神

你敢直接看著顧客的眼睛說話嗎？不要回答得太快，我見到許多有企圖心的年輕人，一遇到年紀較長、企業位階較高、有高消費潛力的高資產顧客，在還沒有和顧客交談前，眼神就透露出害怕與生澀，他們的擔心全寫在眼睛裡。只要看這些銷售人員一眼，我心裡就有譜了，我知道，我可以凌駕他們，拿到我要的最低價，拿到我要的最優惠，在待會的業務對話上，我應該是個贏家。

我常常說，銷售工作是個挑戰毅力、意志力、耐挫力的工作。為了不在第一次的眼神交會中吃敗仗，以下，我對銷售人員有兩個眼神運用建議：

1. 四目交會

讓你的眼神直接迎上顧客的眼神，不要害怕，請柔和的迎向顧客的目光，停留約一至二秒，臉上同時要掛著微笑，讓自己禁得起顧客對你的檢驗。一開始你會感覺有點不自在，甚至有點害怕，但是請撐著點，透過與對方的交談，讓眼神進行自然的移動。但如果需要專注於雙方對話時，務必再將目光集中於對方的雙眼。

四目交會時，可以透露出你當下的態度、情緒，以及沒有說出的想法。學著控制、訓練自己的眼神，將會為你取得贏家姿態。

2. 視線角度

台灣近一兩年的餐飲服務，有一個細微的變化，不知道你有沒有發現。點餐人員在顧客看完菜單，進行點菜時，他是蹲在你旁邊的。由於人員採取蹲著的姿勢，因此身體角度和顧客一樣，視線也和顧客平行，顧客不需要長時間抬頭仰視，讓顧客的脖子不再痠痛。更進一步，由於服務人員刻意展現親近，因此在點菜時，可以無壓力的進行菜色推薦，並且和顧客隨意聊聊，建立客情關係，這一個細微的動作，在王品集團旗下的餐飲品牌、永豐餘集團的齊民養身火鍋等實體店面，都可以感受到。

光是這細微的視線角度，讓銷售變成一種親近，更大的意義是，你透露一個訊息：「我是你的朋友，你可信任我。」因此更有空間讓你施展專業，從容的展現自信，凸顯自我的價值，你會更喜歡你的工作。

站姿

銷售工作跟站姿有何關係？如果你還記得兩秒鐘的殺傷力，顧客對於你的第一印象其中就來自站姿，站姿可以展現自信、個性、想法、期待、害怕、恐懼，不耐煩等許多訊息。標準的站姿規格如下：

- 雙肩齊高
- 挺胸
- 縮腹
- 收下巴
- 保持一號微笑

我一位女性朋友，年過三十了，身材纖細，長相甜美，但因埋首於工作，跟交往了十一年的男友，長年一個在台北一個在高雄，終於，男生耐不住寂寞，決定分手。傷心之餘的她，開始認真考慮在台北買房，最後決定在中正區接近師大附近，買一間靠近捷運的小套房。

附近有一家名不見經傳的房仲公司，她一踏進去，一位留著山羊鬍的資深銷售人員給了她一百分的微笑，且展現無比親切和專業，第二次看完房子後，她跟銷售人員說：「我應該會買了。」說完她還想跟這位人員聊一聊時，發現業務的右腳腳尖，突然輕輕的轉到門口方向，交談中還偶爾用腳尖輕敲地面。站的姿勢也從兩腳站立，轉變成三七步，因為站姿改變，所以肩線也產生變化，突然側了一個角度，失去了精神和專注。

銷售人員的標準站姿。

她回來後告訴我這件事，並且現場示範了山羊鬍男的姿勢，我直接建議她：「先不要急著買，因為銷售員急著成交，並且我打賭，你的房子可以爭取到更多優惠，價錢絕對可以再降。」朋友聽了我的話，用個軟性理由，表示想要再看看其他的選擇。

因為這位銷售人員在我朋友表示想購買時，用腳尖透露了他的不耐煩，以及想要離開現場的服務態度，「不真誠」三個字完全寫在腳尖上。肢體，洩漏了他的秘密。

我的朋友最後再把價錢砍了三十萬元，我也因此賺到一頓一〇一大樓的頂級晚餐。

服裝儀容

我很驚訝的發現，許多銷售人員不修邊幅。而我更驚訝的是，大部分新手銷售人員不清楚如何穿才能表現自信，進而展現個人特色。

為什麼在此處提到服裝儀容，因為**它是「個人品牌力」的展現**。我們都希望被顧客指定服務，而如何讓顧客有良好的「第一印象」，進而有「深刻印象」，就要靠服裝儀容。

如何穿著當然與行業別有關。但是，也有一貫的原理原則，只要掌握這些原則，絕對可以呈現最完美的自己。

我的基本建議：

- **材質：**最外層的衣服如外套，以硬挺材質為主，內搭的襯衫可輔以絲質、棉質等。但請不要穿百分百棉質的衣服，因為這類衣服服貼度高，會過度凸顯你的身體曲線，對看著你說話的顧客，常常會顯得尷尬。
- **顏色：**為展現理性與專業，建議以黑色、灰色、白色為主色系。襯衫或配件則可搭配能凸顯行業特色，或個人特色的其他色彩，我推薦以寶藍色、藍紫色、正紅色、東方綠四種顏色做搭配色，這四個色系較能表現沉穩、大氣、專業、宏度。
- **亮度：**請不要選擇有反光效果的衣物，也請避免亮片、鉚釘、虹光等裝飾品。
- **衣服尺寸：**在試穿最外層的外套時，請把兩隻手臂交叉抱在胸前，如果腋下不會感覺緊繃，就是適宜尺寸。如果預算有限，我建議把主要預算放在外套，以展現合宜的質感。

男性服裝儀容建議：

- 上衣襯衫、毛衣、背心、西裝外套、領帶、皮帶。
- 下身西裝褲、可穿到小腿肚的襪子、皮鞋（綁鞋帶或使用魔鬼膠等類型固定均可）。
- 男性臉上避免劉海，請務必露出眉毛部位，以看到你的眼神。刮鬍建議使用手動刮鬍刀，將殘餘鬍渣剃除乾淨。臉上保持乾淨、清爽。

女性服裝儀容建議：

- 上衣襯衫、毛衣、背心、合身硬挺材質外套。請避免穿蕾絲、半透明、胸口過低的衣物。
- 下身及膝裙、合宜的長褲。黑色或膚色絲襪（著裙），絲襪請勿破損、鞋子不要露出腳趾或腳跟，不要穿平底鞋，也請不要穿內搭褲。
- 女性請著淡妝，最關鍵的妝容是眼妝、唇妝兩大妝彩。劉海請不要蓋過眉毛，讓顧客看到妳的眼神。綁頭髮者請不要有鬚髮，不要過度染髮，不要將頭髮打太薄。指甲油不要花俏，不建議做指甲彩繪。不要有過多飾品，簡單的貼耳式耳環即可，脖子僅配戴一條墜子、不超過大拇指大小的項鍊，兩手手腕僅一手戴手環。

- 務必呈現優雅、莊重、乾淨、清爽。

本章最主要的意義在於，銷售來自於你還沒有察覺顧客時，顧客的眼光已經落在你身上，並且在你還沒有留意的時候，已經開始對你的外表、服裝、儀容、儀態開始有所評價。而這些打量，將直接間接影響你的銷售，一切的一切，都來自於你還沒有留意時。因此，準備好，讓一切水到渠成，自然呈現，贏得顧客的第一眼好感度，那麼，你已經拿到了超級銷售人員的入門票了。

銷售人員的正裝建議。

本章重點

贏得陌生客好感度

微笑：一至三號三個等級的微笑，讓自己的眼神、嘴部笑容，可以根據和顧客的互動，適時調整，並讓迎接顧客的熱情感受，更有層次。

眼神：與顧客的四目交會、視線角度，將讓你和對方的兩秒鐘接觸，立刻傳達你的自信、專業、態度。

站姿：雙肩齊高、挺胸、縮腹、收下巴、一號微笑等五個站姿元素，將讓你展現精神和活力，也透露出你的銷售企圖。

服儀：服裝的展現，必須能符合，甚至超越顧客的期待，這是專業和第一眼印象的關鍵。

Chapter 7

預想破冰話術

破冰話術必須先設計，且事先演練，讓自己的肢體語言、微表情都配合話術的運用。我曾看過使用破冰話術的銷售人員，但是他音調沒有熱情，表情也不夠認同，反而適得其反，讓人覺得是騷擾。

銷售做久了，教課久了，我承認，我是一個防衛心很重的消費者，要打動我，不是一件容易的事。但是，我也有破功的時候，就在這一兩天，我罕見的和一位銀行的理財專員攀談，也跟一位素未謀面的房仲業者一起看屋，他們的破冰方式值得為這一章做引子。

直搗客戶需求的破冰

我走到房仲張貼的海報前不知第幾次了，只要我一駐足，銷售員立刻衝出來，拿著名片做自我介紹，並且問我需要看什麼房子。我其實並沒有積極想買房，雖然家裡人口四枚，三個房間，總覺得少了個書房，但看了兩三年，一直沒找到低總價、低公設、近捷運、生活機能好、鄰居優、未來好脫手的「理想房」，於是，我想也許用少少的錢投資套房，當房東，是不錯的考量。

陳先生從辦公室走出來，他「看起來」很專業，形象端莊、制服筆挺，「好像」很有經驗的樣子。他一出手，拿了一張DM，上面印著他的名字和聯絡電話。他看到我的眼神落在套房的海報，一開始就說：「您現在看到的是CP值最高，我們主推的案件。」接著緩緩的說：「買房，現在房價高，但是房子畢竟是資產，買了，當個房東，總是個保障。」他注視我一眼，「這個物件，房子已經三十多年，但是內部裝潢合理，同時裡面有房客居住，你連房客都不用找了，現成的房東，讓你多添一個身分。」我忍不住多問了幾句，然後在沒有懸念下，我就被帶去看屋了。

後來聊起，陳先生說，他已經仔細觀察我一陣子了，才走出辦公室。他透過敏銳的觀察力，預想和我的破冰話術，經過縝密的思考，讓我幾乎無招架之力。

理財專員黃小姐看到我坐在貴賓理財中心的沙發，主動關心我。我說，我正在等我的理專，而她還要一個小時才能服務我。其實，我正猶豫要不要繼續等，以及，到底要不要趁著興致高，購買一檔歐洲債券基金。黃小姐靜靜的聽我說話，突然把眼神落在我手上的ＤＭ，帶著二號笑容，問我是否「較考慮保本，但是可以長期穩定獲利的產品？」我嚇一跳，沒想到她精準的說出我的需求。

「妳怎麼知道？」我實在忍不住，她，是會算命嗎？

她帶著二號笑容，緩緩的說：「我看到您在看債券的投資，同時又是緩慢復甦的歐元區，我想……」她簡直在吊我的胃口，「您應該對投資風險的承受力較低，但又希望資金能夠加以運用，所以我才大膽的詢問您。」又是淺淺的專業微笑，眼鏡底下的雙眼，有種穿透人的銷售力道。

我在理財專區坐了三小時，對於她的推薦幾乎無力抵抗。

以上兩個故事讓業務和顧客開始互動，但破冰成功的例子其實並不多見。

「破冰」是銷售人員最難突破的，不外乎幾個原因：

1. 自我退卻

不少銷售人員覺得自己口才不好，不知道要和對方說什麼，因此，對於和陌生顧客的接觸，往往顯得生硬，且不自然。

2. 怕被拒絕

沒有人喜歡被拒絕，被拒絕之後，很多人不知道如何給自己台階下，以及面對顧客投來的厭惡眼神。

3. 缺乏題材

不知道和顧客聊什麼，許多銷售人員和對方聊了天氣、時事，然後，就聊不下去。「冷場」令人望而生怯。

4. 太過性急

由於業績壓力，許多銷售人員其實不想和顧客聊太多，他們想直搗黃龍，談產品、談性能、談價格，總歸，就是，要不要買一句話啦。

5. 找不到切入點

當顧客投入在選購的樂趣時，在不便打擾的情況下，銷售人員眼巴巴看著顧客左顧右盼，又是試擦又是聞香，拿著文件看了又看，翻了又翻，等呀等，等不到什麼時候該說話，等，等，等到客人都走了，還是不知道該說什麼。

6. 缺乏自信

我碰過少數銷售人員，他們自認長得不討喜，因此不敢接近顧客。有人覺得自己臉上長了爛痘，因此不敢接近客人。有人覺得自己戴著牙套，因此不敢接近客人。有人覺得一身制服不舒服，穿得太緊，因此不想要被顧客看。有人覺得自己有「口氣」問題，因此不敢讓對方聞到⋯⋯。

不論你是否經歷過上述困境，有兩大破冰方法，屢試不爽，讓你即學即用。

先運用觀察力

注意微表情

「觀察力」是區分超級銷售人員和普通銷售人員的關鍵。

有些人對「人」是不敏感的，他無法確定自己是否感覺對方的快樂、疑惑、憤怒等情緒，對方臉部的「微表情」（micro expressing）對他而言，沒有區別度。

要增加對微表情的敏感度，我建議先看書，市面上有非常多教你如何辨識對方狀態的書，包括《ＦＢＩ教你讀心術》等，會告訴你辨別「微表情」的臉部關鍵線條。

在運用上，我會特別留意對方眼角、眉頭、嘴角的線條。只要顧客眉頭放鬆、眼角不下垂、嘴角微上揚，對我而言就是一個「感興趣」的訊號，我會立刻介入他的「探索過程」，並開始使用破冰話術。

話術部分我們後面再談。

找尋眼神落點

「眼神」會流露出顧客目前的心思，實體店面銷售人員會發現，顧客一到陌生店面，會以水平視線左右掃視一遍，找到產品或找到方向後，眼睛會定住，然後身體會朝向定位點走去。

眼睛是顧客的購買雷達，眼睛落點會告訴你他們的心思。當顧客走到購買區域，會開始看架上產品，因此產品的顏色、分類是顧客搜尋的重要指引。

當顧客有興趣於某幾個產品，他們的眼神會來回搜尋、來回觀看，先是看瓶身文字，再來是看產品說明。

如果顧客伸出手碰觸某個商品、某張ＤＭ或說明文件，就是強大的購買訊號，這時，破冰介入點來了！

好奇心破冰話術

直接對顧客說明某個產品的特色，記住，要說明這個產品與其他商品最不一樣的地方，不要只是聊聊這個產品的基本功能。在說明的時候，請以三或四句話，就讓顧客有當頭棒喝的感受，不要讓對方過於猶豫。

我們稱此種破冰話術為**好奇心破冰話術（hook sentence）**。

我舉個例子。

在撰寫產品說明書的時候，除了寫產品規格、功能、成分、使用方式外，還會設計三、四句話：

「這瓶美白精華液特別針對長期使用美白沒有效果的人，它可以在肌膚內部抗發炎、肌膚外部讓黑色素返轉。」

「如果抗老可以從你的基因開始，保養從根本做起，你要不要試試看？」

「一個經典產品之所以為經典，是因為經過歲月、顧客，及生產者的考驗，一個被考驗過的產品，一定有它的原因。」

「這是我們ＣＰ值最高的產品！不代表它最便宜，而是它的功效最多，一瓶抵萬瓶。」

「您拿的這瓶粉紅色保濕精華，是市面上最多玻尿酸的產品，您可以試擦看看，保濕的感覺會持續到您用完晚餐之後」。

還有其他產業的好奇心破冰話術，也可以試試：

「這瓶干邑以傳統木桶淬鍊，在低溫下躺了三十多年，有國王等級的尊貴身分。」

「這支錶是我們的經典款，一百年來只調過三次秒針。」

「安全是我們的基本要求，您看車頭的 LOGO，斜線代表的就是安全帶，因為安全帶就是我們發明的。」

「如果您想要看一款耐用、有基本功能，但不要太過花俏的手機，那麼就是它了。」

好奇心破冰話術必須先設計，且事先演練，讓自己的肢體語言、微表情都配合話術的運用。我曾看過使用好奇心破冰話術的銷售人員，但是他音調沒有熱情，表情也不夠認同，反而適得其反，讓人覺得是騷擾。

與顧客閒聊

最近兩三年，與顧客閒聊又被大量運用。中國星巴克（Starbucks）即鼓勵員工和顧客閒聊。最大效用就是表達對顧客的友善，是接續「您好！歡迎光臨」，確認顧客需求之後的閒聊話語。必須根據顧客的狀況、當時的服務環境，讓現場人員自由發揮。閒聊可以讓傳統的生硬歡迎詞，變得人性化，並且凸顯銷售人員的個人特質，讓接下的銷售，產生「指定人員」的效果。

閒聊內容包括：

「您提了好多東西，要不要先坐下來喘口氣，東西可以放這裡。」

「您看起來特別有精神，平常有運動的習慣嗎？」

「要過年了，有機會要到哪裡走走嗎？」

「我看您在流汗，要不要擦擦汗？」

「這個牌子的提包不錯，很耐用！」

「小朋友好可愛，幾歲了？」

「想要喝點水嗎？我看外面天氣很熱。」

「我幫您看個車，您不要擔心停車的問題。」

當服務人員和顧客閒聊時，必須表現自然且自在，讓顧客感覺有位體貼的家人，讓購物沒有壓力，反而充滿溫馨、親切、自在的氛圍。和顧客閒聊最多使用一兩句即可，並且由外場人員運用。太多的閒聊話語會讓顧客不自在，覺得擾民，甚至覺得太刻意。

判斷顧客類型

你相信將顧客分類，有助於你與顧客接觸嗎？以前我是抱持懷疑態度，原因很簡單，人有很多類型，怎麼可能單純的分成三類、四類。而針對不同類型的顧客，又是一大堆的話術，讓人眼花撩亂，在銷售現場，誰記得哪一種類型？

但經過幾年磨練，我發現，學會粗略判斷顧客類型，至少讓我「不踩地雷」，且讓我在面對陌生顧客時，更快有「好人緣」，光這個好處，就足以讓你繼續看下去了。

關於顧客類型的判斷，市面上多是使用ＤＩＳＣ人際風格特質分析，或ＰＤＰ性格測試系統（Professional Dynamitic Program，ＰＤＰ性格測試系統），然後再衍伸出破冰或銷售話術。但我推薦來自法國，根基於馬斯洛（A. Maslow）的「需求理論」及人格特質分析，目前零售通路業者大量使用的 SONCAS 顧客類型（Security、One-Upmanship、Novelty、Comfort、Assessment、Sympathy）。

SONCAS 依照顧客的不同**購買動機**，將顧客分為六大型態。根據我的實證使用，相較於前兩種系統（DISC & PDP），SONCAS **不需要看到顧客本人**，僅是透過電話交談，只要仔細聆聽注意關鍵字，就能抓住顧客的脾胃。

1. 講究安全感（Security）

顧客在購買行為上，追求安全感，他喜歡大品牌、大公司、朋友推薦。在購買上有慣性，對於「買東西」這件事，很怕做錯決定。這類顧客非常倚賴有專業、有經驗，甚至敢幫顧客掛保證的銷售人員。成交關鍵，就是展現專業，和顧客建立關係。你必須和產品做掛鉤，如果顧客有任何問題，你就是拍胸脯掛保證吧，他是看人，才決定是否埋單。

你會聽到顧客說：「真的嗎？你確定？」「我之前都沒有……」「有問題我都找你喔，你敢負責？」

成交關鍵詞：「你放心，我跟你掛保證。」

2. 高人一等（One-Upmanship）

顧客希望買到的是一種肯定、一種高人一等的驕傲感。這種顧客善於和人互動、交談，他很喜歡展現自己在某一方面的品味或研究，並且很明顯的讓你知道。他自認為優秀，即使你很專業，但是他比你還專業。他期望在你身上尋找「個人舞台」，記住，你要讓他發光發熱。

你會聽到顧客說：「以前的款式都是……」、「這個我之前試過」、「這方面我是專家……」

成交關鍵詞：「你真是我看過最有……的人。」

3. 愛新奇（Novelty）

「最新款」、「新推出」、「還沒有上市」絕對是這類顧客的銷售開關。他們是購買的「前期使用者」（early adaptor），總是在尋找新的想法、新的概念、新的技術。他想要知道最近業界怎麼了，有什麼新事物，有什麼新的趨勢。這類顧客，肯定會在某個類別產品是精研的達人，最常觀察到的就是手機產業、3C產品、美妝、汽車、動漫畫、電視電影、服飾皮件等。

你會聽到顧客說：「XX有最新款嗎？」「我在國外看到已經出XX款了，你的店裡面有嗎？」

成交關鍵詞：「我有最新的……，你有興趣嗎？」

4. 找舒適（Comfort）

顧客想要簡單、實用、快速，買的東西不要太麻煩，說明書內容不要太多，最好這個產品不要讓他有全然陌生感，要讓他有熟悉感，並且覺得舒服和自在。購買後，他喜歡所有東西都幫他設定好，他只要一個開關，就可以讓這個產品自動動作。他也不喜歡銷售人員太囉嗦，賣東西給他時，說明的方式要簡單、快速，他不喜歡麻煩。

你會聽到顧客說：「有三合一的產品嗎？」「我看不懂這些說明，到底要怎麼用？」

成交關鍵詞：「很簡單，很容易上手的。」

5. 精打細算（Assessment）

顧客一開始就告訴你，他預算不多，甚至直接告訴你底線是多少，要你自己看著辦。他要砍你價錢的理由很多，包括買這東西（系統）有多複雜，牽扯的事情很多，很多隱藏成本。他總是談價錢，很怕多花錢。這種顧客是很多銷售人員的痛，他砍價的功力比你高，且招招都往骨頭砍，不但要見你的骨，還要流乾你的血。但是，這種顧客不是不能花錢買高單價產品，他只是怕吃虧。

你會聽到顧客說：「這價錢？你在開我玩笑？」、「這價錢我買不下去！」、「直接把底價秀出來，不要浪費我時間！」

成交關鍵詞：「我給你一個省錢、不吃虧的方法，你想知道嗎？」

6. 有善意（Sympathy）

顧客對人很有善意，他喜歡給人機會，喜歡幫助別人，甚至誠心相信人。他對於買什麼東西其實沒有特別的想法或邏輯，純粹是憑著個人感覺而決定。他會想要和你建立銷售以外的關係，並且以關係的建立，來決定是否購買，或者回購。你會碰到他順便來看你一下，跟你寒暄，甚至把你的店面設定為他的逛街必經路線，他會問你的婚姻、家庭、人生方向、升遷可能。他會主動幫你介紹顧客，甚至會幫你成交。

你會聽到顧客說：「你做這個工作累不累？」「好啦！都可以！隨便！」「你真是個很努力的年輕人！」

成交關鍵詞：「你讓我覺得很溫暖。」

本章重點

預想破冰話術

兩大方法，讓你的破冰技巧，即學即用：

一、先運用觀察力

1. **注意微表情**：留心觀察顧客的眼角、眉頭、嘴角的線條，它們將組成顧客的心理狀況，並且讓你看到「感興趣」的購買訊號。
2. **找尋眼神落點**：顧客的眼神落點是更為強烈的購買訊號，通常也是你開始介入破冰話術的關鍵。
3. **好奇心破冰話術**：對顧客說明產品的特色，與其他商品最不一樣的地方，讓顧客有當頭棒喝的感受，不要讓對方過於猶豫。
4. **與顧客閒聊**：表達對顧客的友善，與顧客閒聊，根據顧客的狀況，讓現場人員自由發揮。

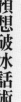

二、判斷顧客類型

1. **講究安全感**：顧客追求安全感，他喜歡大品牌、大公司、朋友推薦。在購買上有慣性，對於「買東西」這件事，很怕做錯決定。
2. **高人一等**：顧客希望買到一種肯定、高人一等的驕傲感，他很喜歡展現自己在某一方面的品味或研究。
3. **愛新奇**：總尋找新想法、新概念、新技術。他在某個類別產品是精研的專家。
4. **找舒適**：追求簡單、實用、快速，對購買東西的理解或使用，希望不要太麻煩。
5. **精打細算**：他總是談價錢，很怕多花錢。這類顧客怕吃虧。
6. **有善意**：對人很有善意，喜歡給人機會，喜歡幫助別人。他想要和你建立銷售以外的關係。

Step 3

銷售肉搏戰
取得信任

聆聽，是所有能力的關鍵。

讓顧客不斷說，而我們聽，聽到顧客資料，也聽到商機，好的聆聽讓你抓到顧客心和成交契機。

接著，要會問問題，所以要訓練提問力，透過基礎和探索兩大問題，讓你和顧客建立互信。

關鍵時刻到了，透過「產品地圖」，快速找到顧客需要的核心產品，業績，就在地圖裡。

Chapter 8
培養聆聽力

聆聽，就是希望讓對方多說，讓你可以擁有更多資訊，最大重點是，你必須回應對方的話，引導對方繼續多說，請展現你的同理心。

給我一個理由，為什麼我要跟你買東西。

是的，請你回答我這個問題。也請你十秒內給我一個可以說服你自己的答案。不必多想，請讓這個答案脫口而出。

如果你的答案是：「跟我買東西價格最便宜，也最划算！」那麼，很抱歉，我必須說，你可以把銷售當工作，但是，要成為一位傑出的超級銷售人員，你還需要更多改變，因為，降價或折扣是全世界銷售人員都在做的事，你想要想脫穎而出，就得學新的技巧，或擺脫舊觀念。

我之前服務過台灣萊雅（L'Oréal）集團，旗下有十幾個品牌，包括法國經典的蘭蔻（Lancôme）、碧兒泉（Biotherm）、植村秀等。我們幾個品牌培訓人員曾在一個交流會中，討論一個主題，研究各品牌銷售第一名人員的特質，好讓我們可以在短時間內大量複製超級銷售人員，提升品牌業績。

討論了一個多月，我們很驚訝的發現，這些專櫃超級銷售員，都不是侃侃而談的人，她們不會一開始就推薦商品，而是先聽顧客說話，順著顧客的話聊天，或者，推薦商品。

我私下問這些年收入超過一百五十萬元台幣的年輕面孔，為什麼不一開始就推薦公司的主力商品或新品，她們的回答都是：「我一直說話，其實顧客根本不會理我，可是如果我聽顧客說話，讓顧客覺得我了解她，這才是最大的力量。」我記得一位台中的超級銷售員還補充了一句：「這樣顧客才會指定找我，不是找別人！」一九年前的對話，至今仍讓我印象深刻。

我長期進行銷售課程培訓，後來也擔任一〇一某品牌旗艦店店長，經過十幾年的觀察及體悟，且趁著到國外培訓期間，比較了亞洲、美國、法國、英國等銷售人員特色，我非常訝異的發現，超級銷售員都有共同特色：擁有「專注」與聆聽能力。

先簡單說一說專注力。

「專注力」就是當身為顧客的你向銷售人員表達你的想法，聊你的消費觀，談毫無邊際的社會事件或演藝八卦，銷售人員都會眼睛注視，全神貫注，精準的回應所有的訊息。你可以確認你在銷售人員心中是一個重要的客戶，你也肯定就算沒有成交，銷售人員也不會報以輕蔑眼神。他仔細觀察你的肢體語言及穿戴細節，仔細琢磨自己的服務動作，確保所有動作到位。在對話中，他推敲你的情緒和話語，謹慎的詢問你的需求，並且專業的預測你的困境。他會說出你原本打算說出的話，也會把你的困擾放在他的心裡，並且想辦法幫你解決。

你在他心中，就是唯一。這就是專注力。

我在許多的銷售人員，尤其是零售通路或門市人員眼中，看到飄移的眼神，但是當事人並不自知。和顧客說話，卻不時用眼睛掃描四周，嘴巴說想要服務你，但是你問他問題，他老是請你再說一次，或者答得文不對題。或許太急於成交，因此一股勁的把自己想說的話，全部倒給顧客，根本無暇去思考，顧客到底要什麼。

要特別說明，專注力並不是要銷售人員只接待眼下這位顧客，專注力要展現的是：

1. 對顧客的尊敬。
2. 了解顧客明顯需求。
3. 挖出顧客沒有說的需求。
4. 創造好感度。
5. 建立更多關係平台。
6. 走向成交結果。
7. 創造更多串聯銷售的可能。

專注力的關鍵在「聆聽」，因此，我們就好好的來談一談這個所有銷售、服務、管理、職場人脈的核心。

聆聽與同理心

「聆聽」是立足於職場的基本能力，而不只是銷售需要而已。

從一個腳踏車學徒，到後來建立八十萬人的松下企業，在日本素有經營之神之稱的松下幸之助，當被問到經營秘訣時，他特別強調，要細心聆聽他人的意見。

三星電子集團董事長李健熙先生，在接手副董事長職位時，父親特別用毛筆字寫下兩個字勉勵：聆聽，感覺好似簡單，但真的要實踐，真是難上加難。尤其銷售做久了，長期承受變動和壓力，很多人很難靜下心來，好好面對眼前這個人，也因此我許多從事銷售工作的學員，都有深深的無奈：「我又不是他肚子裡的蛔蟲，我怎麼知道他到底要什麼？又有客人來了，你說我要不要招呼啊。」我相信，了解別人想法，聽懂對方到底要什麼，培養聆聽的耐性，是二十一世紀銷售人員最大的課題。

聆聽，並不是單純的「聽見」（Listening is not hearing），聆聽要產生有效性，意即對銷售和管理有直接幫助，意味著四個特色：

有肢體回應

正在聆聽的人，可以很明顯的看到他的肢體動作。在研究肢體反應上最有名的，就是美國心理學家艾根（Gerard Egan）的 SOLER 理論[2]，艾根在研究中說明，這是一種利用微小的肢體語言，讓對方願意對我們侃侃而談，主動說出更多想法或理念。我加以說明這五個肢體動作：

- **面向對方（Face Squarely）**：和對方肩並肩，呈現V型四十五度角度，要側面面向對方，不讓彼此感到壓力。

- **肢體開放（Open Gesture）**：展現出開放性的肢體動作，例如兩手臂打開，而不是把手臂交叉抱胸，手臂交叉抱胸是非常明顯的敵對或防禦動作，兩手交叉代表你不相信對方的話，甚至在警告對方，你可能隨時進行攻擊。
- **身體微傾（Leaning Forward）**：在聆聽的時候，把上半身微微往對方方向傾斜，這種投入的動作，讓對方覺得你在乎他所說，也讓對方認為你對這次對話深感興趣。
- **眼神接觸（Eye Contact）**：雙眼適當的注視對方，眼神接觸，讓顧客可以直接感受到你的投入、專業，甚至帶點權威。我的建議是，亞洲人通常比較不習慣眼神的直視，除非要展現很大的情緒支持，例如對方的情緒反應開始變大，哭泣、憤怒等，我建議直視對方眼睛時間約二至三秒即可。

2 艾根（Gerard Egan）的SOLER理論

艾根以SOLER代表專注的要項，包括：（一）S（面對面，Squarely）；（二）O（開放，Open）：身體姿態開放自然；（三）L（傾斜，Lean）：身體稍向前傾；（四）E（眼睛，Eye）：與當事人目光接觸；（五）R（放鬆，Relaxed）：態度放鬆。

● **肢體輕鬆（Relaxed）**：讓自己的肢體和表情處於放鬆狀態，不要急躁，當你放鬆，顧客自然放鬆，而更願意把自己的想法，毫無保留的說給你聽。

用口語回應

聆聽對銷售最大的意義是，顧客願意透過我們的投入，而說更多。不諱言，現在顧客的防衛心都很高，尤其更難的是和高資產顧客對話。以我為例，我曾經服務過一位貴婦，在七月的夏天，她穿了一件簡單的白色T恤和我一起喝下午茶。她一坐下，我發現不得了了，她在那件白色T恤上披了一條長窄版的貂皮。我當時心裡很納悶，這麼熱的天，為何披貂皮？反正我不懂這些華麗的東西，因此，乾脆開口問，她告訴我，因為晚上有個晚宴，所以才順手帶著。而且，她說：「我先生說，要帶點有看頭的，免得被媒體拍到，或者人家說我們家媳婦拿不出有樣子的行頭。」

我長期服務高資產顧客，我的建議是，口語回應一定要是「完整句」，或「同理心話語」，效果最好。最忌諱的，就是在對方說話時，你一直「嗯」、「喔」、「咦」，但是沒有說出半句完整的詞彙，會讓人覺得你很敷衍，尤其在電話溝通時，這絕對是大忌，一定要避免。

什麼是完整的口語回應，你可以參考幾種常用的話句：

「我了解！」「我同意！」「我能體會！」

「真的嗎？這我倒是沒有聽說過。」

「辛苦了，我知道這不容易。」

「你很用心！」

「你的意思是說……」

「換句話說……」

「你說，XXX，這樣對嗎？」

這些話直接告訴對方你的情緒觀察，還有對於訊息的**複述和確認**，讓對方認為，我們高度興趣於他所提供的資訊，並且期待聽到更多。

提問

碰到安靜的顧客，或難以打開心房的顧客，你的策略是什麼？拚命一直講，滔滔不絕的講？我建議你省省力氣，不如提出適當的問題，讓對方說得更多。但是，要提出讓對方有興趣的問題，讓他打開話匣子，需要提問技巧，當然，透過觀察力絕對是重要的開始。

五個引發對方興趣的提問：

1. **直接說明：**對於你所觀察或感受到的情緒，直接問對方。例如：「我想，你剛才是想告訴我，投資曾經讓你損失慘重？」直接詢問的好處是，你可以針對你有興趣、有疑問的部分，直接請對方提供更多資訊。但是請留意，不要帶有情緒，或主導整個交談。

2. **仔細觀察：**請留意顧客的肢體語言，例如顧客的**視線落點**，通常顧客看哪裡，就代表他在意哪裡。如果他看著價目表，就代表他在意價格。如果他看著產品，代表他需要更多產品資訊。當人在談自己時，眼神會放大；談過去或未來時，眼睛會往上揚；若心意已決時，眼睛會往下定住不動。這些觀察點都是運用NLP（神經語言學）的觀點，有興趣的讀者，可以自我延伸閱讀。
另外，請留意顧客的手，**手指**是大腦思考的延伸。例如把手指放在嘴唇上，即代表要你不要再多說。**手掌**則藏有秘密，當你和顧客在說話時，發現他的兩個手掌不見了，不是插在口袋，就是兩個手掌緊握，或者放在身後，這就代表，顧客有話想要說，但「不是現在」。
最後，請注意顧客的**腳尖位置**。腳尖離大腦最遠，我們因為少有機會看到自己的腳尖，也因此，我們以為別人也看不見，殊不知，腳尖位置和狀況，成為人體最容易洩密的地方之一。當我們和顧客對談時，如果顧客的腳尖突然微微的移動方向，移動到對著門口的地方，那麼我建議你，加快談話速度，因為顧客「想要立刻離開這個地方」。

當你有了觀察力，自然有更多提問能力，如果你發現顧客的肢體訊息，你可以問顧客：「您趕時間嗎？」「我想您對價格有較多的考量，是嗎？」

3. **回應情緒：**人的聲音其實是充滿情緒的，當人們有情緒變化，聲帶及發音位置也會跟著改變。如果你的心思細，耳朵靈，特別留意顧客的聲音起伏，並給予「同步回應」，顧客將對你的細心留下深刻的印象。例如，「我發現，我們在討論妳包包的時候，妳特別開心，這個包包有特別的故事嗎？」

4. **要求更多：**直接要求對方在某些部分，提供你更多資訊。這是「直接說明」的延伸版本，使用這個提問，是希望引發對方更多想法，並且明確表達自己對這個主題的喜愛。你可以說：「希望你能多告訴我一些關於基金理財的部分，我可以學習……。」

5. 分享自己：把自己的經驗和對方交流，最常用的就是「我自己也曾經」，例如：「我自己也曾猶豫要不要花一百五十萬元買一台車子，畢竟家裡的房屋貸款壓力也很沉重，但是我後來想到家裡的小朋友，我覺得……」但有個提醒，不要過度使用，原因很簡單，一旦過度使用，又會陷入自說自話中，而少了提問的美意。

摘要重點的能力

現在，你的顧客正滔滔不絕的說著。你眼神專注，全力聆聽，你告訴自己，要聽出顧客話中玄機，找到商機，想辦法成交。

你會發現，當你用力的聆聽，也許還能撐個十分鐘，腦子記著一些吉光片羽，時間一長，你開始昏頭，聽了現在忘了前面，終於感覺到專注力的極限。

我教你一個方法，也是我們在傳授聆聽秘訣時最大的關鍵，但我必須先提醒，不是每個人經過提點，都可以有完美的效果。關鍵在於，你要持續不斷的練習，有意識的、不斷的練習。

1. 抓住漣漪字眼

「漣漪字眼」就是一些模稜兩可的字眼或話語，需要進一步解釋。我最常聽到的漣漪字眼：「聽起來好像很不錯呀」，可以確定，這句話後面還有更多的句子，還沒從對方口中說出。或許我們稱之為「言外之意」。例如：「這東西滿有趣的」，我們不確定對方底是真的覺得有趣，或是一句反諷的話，我建議要接著問：「為什麼？」

人們使用漣漪字眼，絕對有背後的原因，如果你不確定對方的意思，我建議就直接問他們。學著去辨識漣漪字眼，並且去揭露顧客不願意揭露的資訊。例如你聽到這段對話：「我覺得這個產品很不錯，但是，卻沒有我喜歡的顏色，除非你儘快調貨給我，否則我就先不考慮。」聽到這裡，你要思考且問自己：「顧客真的喜歡這個產品嗎？」「他是用顏色在測驗我們的成交嗎？」你要抓住「儘快」這個字眼，並且問：「儘快是多快？」「有其他因素可以讓我交貨的壓力減小嗎？」

2. 用問題做摘要

「摘要能力」是你在聆聽對方的同時，試圖在他的對話中**找「關鍵字」**或重點，以回答自己的問題，或者蒐集更多的資訊。

在聆聽過程中要維持高專注力，最大關鍵在於，**你必須事先設想問題**，然後透過和顧客的閒聊或交談，**找到這些問題答案**。

要設想哪些問題呢？

從顧客的基本資料開始，也就是「情境性問題」，簡單說，就是「這位顧客是誰？」事實上，五W一H的問題（what，why，where，when，who，how），可以稱之為「情境性問題」，每次與新客的對話，我都會在心裡問這些基本問題：

- 他是誰？（幾歲？哪裡人？）和他一起過來的人是誰？
- 他為什麼進來店裡面看產品？（買給自己？買給別人？他在意價格？品質？功能？新奇？溫暖？方便？）
- 他住在哪裡？（公司在哪一區？住在哪一區？）
- 他為什麼這時候來逛？他是時間有彈性的顧客嗎？
- 他是從事什麼職業？職階呢？
- 如何引起他的興趣？如何開始破冰談話？

這些只是「基本問題」，意思是所有銷售人員都該有的心靈對話。

但想要成為超級銷售人員，只了解這些還不夠，還需建構出顧客的「生活型態」，包括他喜歡什麼休閒活動？他的穿衣品味？他的生活習慣，是否抽菸？喝酒？打麻將？他的婚姻狀況？與家人互動品質？他的人生規畫？他的金錢觀？他的人際網絡？等等。當你對顧客的生活型態建構得越完整，你對於他的消費習慣掌握度越高，也因此在提出產品建議時，越能到位。

本章重點

培養聆聽力

銷售上的專注力，是為了表達對顧客的尊敬，並且了解顧客需求，創造彼此的好感度，達到銷售和建立關係的目的。

1. **聆聽的身體回應：**兩人肩並肩，呈現V型四十五度角度，展現開放的儀態，身體向對方微傾，眼神專注，身體放鬆。
2. **聆聽的口語回應：**在聽到對方的分享時，要回應讓對方確定你的專注與投入。在回應對方時，請盡量用完整語句回應，不嗯嗯呀呀，讓對方以為你沒有聆聽。
3. **提問：**提問是為了引出對方更多想法，包括可以說出你所觀察的情緒、仔細觀察對方的肢體語言，回應對方的情緒，要求對方說更多，以及進行自我分享。
4. **摘要能力：**聆聽的同時要注意「漣漪字眼」所隱含的意義，找出「關鍵字」以更深入了解對方狀況。

Chapter 9 — 訓練提問力

訓練提問力，就是要挖出顧客沒有說出來，或是他沒有想到，甚至，我們要讓他覺得這個需求有急迫性，他得立刻處理。

「問對問題，才能得到對的答案。」耳熟能詳的一句話，事實上，經過長期培訓發現，超級銷售人員提問能力超出一般人，他們使用的次數高、時間多，且提出的問題數量不多，但只要二至三個問題，就能對準顧客需求，且能立刻端出顧客想要的解決方案。

想像你是顧客，走進一家店，對方問了幾個問題，然後拿出你需要的東西，你的感覺是什麼？

WOW！傑克！這真是太神奇了。

是的，我就是要你的顧客有這種感覺。

先跟你分享一段故事。是我一位在建築師事務所擔任設計總監好友分享的一段對話。

LuLu是我中學同學，功課一直名列前茅，大學考上第一志願，一所以建築及室內設計見長的南部學校。LuLu在大學時認識了前夫，兩人一起到澳洲完成碩士學業，LuLu長期浸淫在設計和美感的世界，當一般女生還在尋找自我認同時，不到二十歲的LuLu，早已找到穿著的品味，曉得什麼樣的剪裁、顏色、質地和自己最搭。

四十歲的她，人生經過分分合合，有了不同的體悟，她的生命繞了一大圈，最後還是在室內設計的領域落腳。現在她是國內某建築師事務所的招牌人物。

年度聚會上，她生動的描述一個展現專業的例子，她說：「我用三個問題，解決一個別人眼中的奧客。」

一位高資產顧客，名下登記超過十棟房子，找她設計一棟位在信義區的九十坪房子。夫妻兩人正為主臥室的窗簾吵架。

男主人：「窗簾顏色要夠深，最好是咖啡色、深藍色，要有貴族的感覺，要沉穩，不要太花俏。房間是需要安靜和休息的地方。」

女主人：「窗簾顏色要乾乾淨淨，最好是淺色，可以考慮粉色系，這樣心情會比較輕鬆。布料的厚度不能太薄，不然光會透進來。」

兩個人你一言我一語，吵得不可開交的時候，突然都把目光朝向LuLu。

男主人：「妳是專家，」眼帶輕蔑的說：「妳說說看，窗簾到底是要深色的，還是淺色的？」

LuLu發現自己得表示意見，為免得罪人，她問了幾個問題。

「你們家的地板是深色系，深色窗簾有延伸空間的視覺效果，你們想要房間看起來比較大，還是看起來比較亮？」兩個人不約而同的說：「當然是大一點。」

「我是你們的設計師，你們願意相信我的建議嗎？」兩個人目目相覷，「當然！」

「如果我選擇深色系，但是材質會讓顏色顯得較不厚重，你們願意接受我的建議嗎？」

夫妻倆沒再吭一聲，LuLu的三個問題，找到解決雙方需求的方法，而且再次確認在客戶心目中的專業地位，取得專家級的發言權和決定權。

專家級，是的，透過這一章，我要讓你發揮專家級的提問方式，讓你不需多費力氣、時間，不但達成業務目標，而且，讓顧客不得不聽你的。

用基礎問題問出顧客所需

當顧客發出購買訊號，銷售人員會問：「請問在找什麼嗎？」如果顧客有強烈購買目的，我們就可以聽到答案，但不幸的是，大多數顧客的答案都是：「我再看看。」對於這樣的回答，許多銷售人員都將之當作軟拒絕，因此自動退場，然後溜到結帳櫃檯或是後台，自己忙自己的。

比較有業績意識的，會接著拿出目前公司的主力推薦或是促銷商品，然後對顧客進行「推銷式」話術，某些顧客會客氣的聽你說完，有些則根本不管你，自己看自己的，然後順著門市的動線，離開店面了。

看到顧客就這樣走出去，很多銷售人員覺得自己不過又碰到一個冷漠的顧客，然後感嘆現在業績不好做，自己說得好辛苦，可是客人都不領情。因為一直在說話，說得都累了，久而久之，為了不要那麼累，開始挑客，挑那些覺得可能會買的顧客。一旦選定了進攻對象，就使出渾身解數，死纏爛打，經過這樣的搏鬥如果也沒成功，會在客人離開店面的那一剎那，使出一個超級大白眼，生氣無奈全部寫在臉上，慘淡的銷售數字也跟著掛在臉上，一覽無遺。

場景如果可以倒帶，我建議銷售可以這樣進行：「**請問是否特別找什麼產品嗎？**」（**開場白問句**）一開始還是可以維持你的習慣，以顧客需求開場，畢竟如果顧客已經想好要買什麼，的確可以省很大力氣，直接拿出他想要的商品。這也是個測水溫的問題，如果顧客軟性拒絕你，我建議你這樣做：「沒問題，您隨意看看，不要有壓力，我就在旁邊，如果您需要我，只要叫我一下，我馬上為您服務。」然後往後跨一步，和顧客保持兩個跨步的距離，意思是如果顧客需要你，你只要往前跨一步，不然，就讓顧客自在些。

約十五秒後，請你特別注意顧客的購買訊號（之前談過購買訊號，此處不再贅述）。一旦購買訊號出現，請你接著問：

「**我剛看您特別看了保溫瓶，請問是想幫自己買個運動用的保溫瓶嗎？**」（**需求推斷問句**）

請注意，問話有兩個重點，一是「我剛看您」代表觀察了他，推斷他有需求，你才跟他說話，而不是天外飛來一筆，刻意打擾。

如果顧客回答：「**我沒有在看保溫瓶呀！**」你可以接著回答：「我看您穿了球鞋，然後看到您剛拿起保溫瓶特別看了一眼，我才特別問您。」（請抓緊談話機會）「您剛拿起來看的，是我們和法國插畫大師合作的瓶身彩繪新品，五百毫升容量，滿適合有運動習慣的高品味人士使用。」

但，如果顧客回答：「**我的確是在考慮保溫瓶，但是要給小孩子用的。**」關鍵訊息來了！顧客要買保溫瓶，而且是給小孩子使用的，需要的產品類別已經確認，而且使用對象也清楚，這時，請你腦海裡浮出所有適合小孩使用的保溫瓶種類，要全部的品項，一個都不要漏，有關產品的分類，我們會在第十章做闡述。

接著，請你趁勝追擊，請確定他以前的使用習慣，免得你拿出來的產品是他曾經用過，或者有狀況的……。

「**您之前一定幫小孩子買過保溫瓶，是吧？**」（**引導性問句**）我很推薦使用「一定」，有很強的引導及暗示作用，在NLP裡叫做「算命師」話術，它讓人覺得被一眼看穿的感覺，就像我們去算命時，算命大師攤開我們的手掌，神秘的對我們說：「你小時候一定曾經被傷害過。」誰小時候沒被嚇過？每個人多少都有這樣的經驗，可是當透過提問，我們還是會被強力引導，並開始對問話的這個人產生一種信賴和權威感。

「**是呀，我買過！**」

「**請問您是買我們的牌子嗎？**」

「**不是耶，我是在市場買菜時，隨便買個普通的。**」

「那您這次特別看保溫瓶，是因為之前使用上有任何問題嗎？」

在這裡，我要讓你的思緒暫停一下。我說明一下這個句子，句子的主要關鍵在「之前使用上的問題」，我們假設顧客之前使用產品，一定是碰到問題或困難，請你把顧客的使用問題給引出來。這樣做的最大意義是，可以精準的掌握顧客真正需求，知道顧客在意的點，因此這個問題的另一個意義是，我們可以解決他以往的問題，並且拿出他真正需要的、唯一的產品。

「保溫瓶保溫效果不好，而且瓶口有個臭味，好像洗不乾淨！」

「好的，因此您想要找一個給小朋友用的保溫瓶，控溫效果要好，同時要特別注意瓶口衛生的保溫瓶，是嗎？」這句話的主要目的，就是**複述和確認顧客的需求**。複述和確認的最大意義是，如果我們的總結有錯誤或遺漏，聽的那一方會立刻糾正。如果我們的總結正確，但是顧客「突然」又想到其他部分時，我們都還可以確認我們即將拿出來介紹的產品符合他的所需，或者進行後續串聯銷售。

基礎問題的重點：用幾個基本問句，就能找出顧客所需。

用探索性問題挖掘未知區

探索性問題是要挖掘顧客沒有意識到，或者沒有說出來的想法。假設顧客的需求就像一座冰山，基礎性問題就像是露出水面的部分，你可以肉眼看到的區域，這是一個不會出錯的業務過程，但是我們要你的功力不僅於此，我們要培養超級銷售人員，就要往更具挑戰性的方向走，就像本書一開始所寫的，要做好銷售，就必須自我設定目標，往目標衝刺，往難的地方走。

探索性問題，就是要挖出顧客沒有說出來，或是他沒有想到，甚至，我們要讓他覺得這個需求有急迫性，他得立刻處理。

探索性問題一：功能探索

意思是要運用我們的專業及經驗，大膽假設這位顧客在意或需要的功能。如果和顧客的對話中，都沒有出現線索或漣漪字眼，就需進行探索工作。

使用功能探索問題，有助創造串聯銷售，意思是，原本只買一件商品的顧客，現在至少會多帶一件。顧客會在核心商品外，再帶一個附屬商品，以確保功能完整，或者價值高度發揮。

功能探索問題，能塑造銷售人員的專業形象，你的地位會瞬間提高，但探索性問題必須搭配基礎問題，延續上一章的基礎問題：「您這次特別看保溫瓶，是因為之前使用上有任何問題嗎？」如果你幸運，顧客會講出他的想法，那麼，就如同上一章所示範，你可以直接使用複述和確認技巧，成交。

但情況有時不如你所願，或者，你想要更進一步，就可以使用探索性問題：

「之前買的保溫瓶用久了是否會有化學味道從瓶口跑出來？」

「你**是否**希望保溫瓶不只保溫，也可以保冰？」

「你**是否**希望保溫瓶不只喝水，也可以讓食物保溫？」

現在讓我來舉另一個例子，是有關專櫃保養品銷售，這段對話將從打招呼、詢問顧客基礎問題，一路展開到功能探索性問題。

「您好！歡迎光臨！」

「請問有特別找什麼商品嗎？」

「我先自己看一下。」

「沒問題，如果需要我，我就在旁邊，您可以隨時找到我。」

「我看您剛剛特別在看美白精華液，美白精華液是您自己要用的嗎？」

「嗯！我現在的美白精華液快用完了！」

「您之前是使用哪個牌子的美白精華液？」

「不是你們牌子的，是開架式的。」

「今天來看美白精華液……是對之前的產品使用有不滿意的地方嗎？」

「我總覺得效果不是特別好，臉上的斑還是很明顯！」

「您之前使用美白精華液，**是否**有添加保濕的玻尿酸或甘油成分？」（功能探索問題）

「為什麼這麼問？」

「因為保濕會增加細胞的代謝速度，代謝如果提高，會讓新嫩細胞更快移動到肌膚表層，因此黑色素容易被擠出表皮層，而被迫代謝。皮膚自然會比較亮比較透白！」

「您在美白精華液之後，**是否**會接著使用乳液或乳霜呢？」（功能探索問題）

「我偶爾用，現在是夏天，不想塗這些油膩的東西。」

「乳液或乳霜會把前一道精華液鎖在肌膚底層，它的功能就像鍋蓋，蓋子蓋上，熬煮湯的精華成分都會留在鍋子裡。因此美白的效果才會更好。」

「看來您想要為自己找一瓶新的美白精華液，希望效果更直接，但是保養品質地要清爽，不要油膩有負擔，是嗎？」（複述和確認）

透過以上的對話，你感受到什麼了呢？

現在你和顧客的互動，已經不是單純的推銷，你正在運用提問的方式，把顧客的需求，不斷鎖定、再鎖定，透過問題的鋪陳，一步一步把顧客想要的東西具體成形。提問能力的提升，幫你不只找出顧客要的那瓶商品（美白精華液），你還有機會賣出另一瓶商品（美白乳液或美白乳霜）。

如何？提問力的效果，是否讓你驚豔？

使用功能探索性問題，有兩個前提：

- **你必須一開始就和顧客建立關係**，並且雙方氣氛良好，否則顧客會覺得你的引導非常刻意，會讓人產生反感。在此我建議，良好氣氛的建立，可以從判斷顧客類型開始，試著去了解顧客的溝通頻道，避開地雷區，甚至投其所好，就會為探索對談建立良好的鋪陳。
- **功能探索性問題最多問兩題即可**，探索問題問太多，會有探人隱私的負面感受。其實，只要兩個問題，已經夠幫助你找到符合顧客所需的產品。因為在後續的產品說明裡，你一樣有機會跟顧客聊到其他需求，只是銷售過程進行到此，雙方信任感還未完全建立，功能探索性問題只是幫你有更多成交機會。

由於功能探索性問題對於成為超級銷售人員具有關鍵作用，因此，我希望你以自己的實際業務狀況，將功能探索性問題字眼放進去，擬好問句。

功能探索性問題關鍵字：是否

探索性問題二：暗示性問題

探索性問題的第二種運用，就是暗示顧客，如果事情不處理，情況會越來越嚴重。你要讓顧客感受到事情的嚴重性，且牽連的範圍很廣。這樣的提問法，主要是希望減少顧客的決策猶豫，讓顧客當下決定，甚至一次購足。

使用問題暗示探索，另外還有一個目的：希望降低顧客對價格的敏感度。當顧客對於急迫性、重要性、稀有性產生高度需求時，就會降低對價格的比較。特別是顧客面對一個已經擺明可以解決他問題的銷售顧問，顧客對於價格的談判籌碼會減少，因為「解決問題」所帶來的強烈需求，將讓價格談判失去立足點。

問題暗示型的探索問題，特別適合高單價商品，例如：一台價格兩百萬台幣的車子，它所代表的不只是一台車子的製作成本，而是全家三代坐車出遊時，帶來的歡樂及安全感。我們可以想像，透過問題的引導，刻意讓顧客感受到不把車齡五年的車子換掉，將減少全家出遊的機會、縮減全家出遊的區域、因為空間過小會減少出遊興致，車子老舊代表維修費並不會更省。

以下這個例子，從招呼、基礎問題、功能探索問題，到暗示性問題，讓讀者對於問題的運用，有更完整的面貌。

「您好！歡迎光臨！」

「請問有什麼需要為您服務的嗎？」

「我先自己看一下。」

「沒問題，您慢慢來，外面剛好天氣熱，您也可以順便吹個冷氣。如果需要我，我就在旁邊，您可以隨時找到我。」

「我看到您特別在看這款冷氣，家裡冷氣需要舊換新了嗎？」

「嗯！我要幫我女兒整理房間，想幫她看一台冷氣。」

「您目前冷氣是使用哪個廠牌呢？」

「不是你們的牌子。」

「您看的不是現在使用的廠牌，是對之前的冷氣有不滿意的地方嗎？」

「我覺得冷氣運轉的聲音太大，而且我女兒有氣喘毛病，我希望能特別加強去除塵蟎，並且有暖氣功能。」

「您之前家裡用的冷氣是否有特別滴水引流功能？」（功能探索問題）

「為什麼這麼問？」

「因為滴水引流可以減少雜音，並且現在政府規定大樓外不得有冷氣滴水的法規！」

「您女兒的房間是否是單面窗？」（功能探索問題）

「我女兒房間只有一面窗，採光就靠那一面。」

「特別為女兒整理一個房間，可見女兒大了，也需要在學業上衝刺，因此自然採光對於眼睛的保護很重要，對青少年年紀的女兒而言，自然光也代表會有更好的心情。」

「我建議您一款分離式冷氣，它有環保節能省電裝置，同時具有超靜音、防塵蟎的功能。您女兒房間多大，我讓您直接看產品。」（複述和確認）

「但是，現在是冬天，還沒有到要用到冷氣的季節。我先自己看看，我不急著買。」

「我了解，怎麼稱呼您？張先生，的確，現在離夏季還有兩三個月，的確可以多看看。」

「但只是一個分享，如果女兒房間不跟著裝潢的時候一起裝冷氣，到時候你要大費周章搬開家具，還要另外再整理一次家裡，其實很花錢又麻煩的，不是嗎？」（暗示性問題）

「女兒房間能有個冷暖氣機，冬天溫暖舒服，夏天涼爽自在，她待在家裡的機會多，你也不用擔心女兒往外亂跑，**不是嗎？**」（暗示性問題）

「女兒房間的冷暖氣機，有防塵蟎的功能，減少兩三個月氣喘過敏的機會，

這也是一個父親希望的，畢竟，女兒健康不能等，**不是嗎？**」（暗示性問題）

「來吧，張先生，我還是帶您去看看，先參考。您會發現，冬天買冷氣，就跟冬天吃冰淇淋一樣，特別好吃且過癮。我們優惠多，您會滿意的。」

暗示性問題特別適用於顧客猶豫、顧客想要再多方比較、顧客還不知道自己的選擇時。但請注意，使用暗示性問題引導顧客時，一定要有很強的鋪陳，所謂鋪陳，就是要取得顧客的信任感，並且塑造自己的專業。

如果你沒有立刻判斷出顧客類型，沒有展現聆聽，你可以提出的暗示性問題其實很少。我們承認，隨著經驗的累積，以及事先的模擬演練，可以減少錯誤。

暗示性問題需要你展現出專家級的專業和自信，你需要大量的專業知識，包括產品、競品、顧客、流程四大專業，當你有更多的專業，搭配謙遜的態度，自信的儀態眼神，暗示性問題會讓成交率快速升高。

由於暗示性問題的成交率最高，同樣的，我希望你練習，畢竟，多次練習能增加你對顧客未來問題的掌握。

暗示性問題，關鍵字：不是嗎？

本章重點

訓練提問力

基礎類問題：泰半和顧客明顯可見的需求有關，是一般銷售人員的基本動作，基礎問題最大的意義在於，透過觀察力，破冰話語的運用，即找到顧客所需。基礎類問題分兩類：

1. 詢問以往購買經驗
2. 本次購買的具體需求

探索性問題：主要是要挖掘顧客沒有意識到，或者沒有說出來的想法，有兩大分類：

1. 功能探索：運用我們的專業以及經驗，推測顧客應該需要的功能。
   功能探索問題關鍵字：「是否」
2. 問題暗示：暗示顧客，如果不處理或不購買，狀況會越來越嚴重。
   暗示性問題的關鍵字：「不是嗎？」

Chapter 10
秘密武器：產品地圖

將所有產品「地圖化」，讓銷售人員在腦海中可以「按圖索驥」，就像航行在汪洋中的船，有地圖，才能引導這艘船前進的方向，到達目的地。

「賣顧客需要的，而不是我們想要賣的。」這是本書開宗明義所提，找到顧客要的「那個」產品，在銷售的教學過程中，我們稱為「核心產品」，顧名思義，是最符合顧客所需，如果顧客只有買一個產品的預算，「那個」產品就是唯一的選擇。

核心產品的意義

在此要特別說明，我們並不是要超級銷售人員「只賣」核心產品，找出核心產品的意義在於：

1. 核心產品保證一定程度的成交。對於有業績壓力的人，與顧客對談，專注的找出顧客的核心產品，是非常踏實且穩健的方法。

2. 核心產品帶來顧客信任。核心產品的出現，代表銷售人員了解顧客需求、顧客困擾，而建議的最佳單品。核心產品會讓顧客絕對滿意，並讓超級銷售人員在顧客心中塑造出專業、無法取代的地位。

3. 核心產品帶動串聯銷售。核心產品的出現，代表還有上、下游其他產品，如果超級銷售人員取得顧客信任，為了要讓產品的功能搭配更好，可以帶動其他產品的推薦，提高客單價。

尋找核心產品，必須有個強烈的前提：所有產品都經過「地圖化」，讓銷售人員在腦海中可以「按圖索驥」。就像航行在汪洋中的船，有地圖，才能引導這艘船前進的方向，到達目的地。

產品分類的目的

將產品進行大分類，就像地圖分東西南北。

分類的主要目的是要把零散的產品，變得更容易尋找，且有銷售上的意義。因此當你和顧客對談，透過聆聽，找到你腦中關鍵字時，這時，你會需要導航器，**幫你立即找到顧客要的「那一個」產品**。

如果公司內部有教育訓練部門，或者產品的培訓資料已經累積成熟，那麼，我建議你可以尋求公司的專業人員協助，幫你建立產品地圖。如果公司沒有專業的教育訓練部門，我建議可以和幾位資深同事討論，建置簡單的產品地圖。

「產品地圖」除了有銷售意義，另一個最大的價值是，**可幫助新手銷售人員更快了解產品**。

我們經常看到銷售人員在了解顧客需求後，最大的窘境是，不知道哪一個產品最適合顧客，於是在現場看到的是，擺了至少六、七樣產品給客人，然後，讓顧客自己「做決定」。

如果顧客可以自己決定他需要的產品，請問，要銷售人員幹麼？

依功能分類

產品分類不要太複雜，我們施行過最好的方式，就是以「產品功能」或「使用對象」兩個變數分類，是最快的方法。接下來我依過去的化妝品產業，以保養品銷售進行說明，幫助你發展出自己的產品地圖。

在保養品的領域中，「產品功能」不外乎四大項目：

1. 保濕
2. 美白
3. 抗老
4. 基礎清潔

如同你所初步理解，每個項目都有個別功能，可以直接針對顧客的肌膚困擾，予以改善或滿足需求。而我們也發現，產品功能其實隱含產品的使用對象，也就是年輕肌膚特別加強保濕，初老肌膚注重美白（及防曬），熟齡肌膚則主攻抗老。當然，基礎清潔則是適用於每個年齡層。因此，透過內部討論，我們把產品功能調整成：

二十歲保濕	顧客肌底狀況良好，只需要加強保濕工作即可。
三十歲初期抗老	顧客肌膚開始出現狀況，兩頰在清潔後開始有拉扯感，臉上容易乾燥或者表情多的地方，開始出現靜態紋路。眼角、嘴角，開始有線條產生，側面查看肌膚，下巴線開始模糊，臉部不立體。
四十歲熟齡抗老	顧客乾燥情況變得更明顯，肌膚長期處於乾燥，甚至已經不泛油光，沒有皮脂的潤澤感。線條更為明顯，且範圍變大。兩頰咀嚼肌明顯，臉部變寬、下垂明顯。肌膚因為乾澀，已經失去健康光澤。因為賀爾蒙變化而開始有老人斑出現。
美白	追求肌膚亮白，希望降低肌膚色號，有斑點困擾的顧客。
基礎清潔	包括每日卸妝、洗臉，週期性去角質都在此列。

經過調整，我們把四大分類改為三大分類，加強抗老項目，在抗老項目內再分三大類別。把項目簡化，主要是希望銷售人員在與顧客互動時，可以更快找到顧客要的核心產品。

依使用對象分類

把某一項目擴大化，例如，抗老系列裡面再分為「二十、三十、四十」也為暗示銷售人員此系列是公司的主打商品，把銷售力道集中，以期看到業績爆發。

這樣的精準度可以加快銷售速度，展現銷售人員的專業性。我們的經驗顯示，人員會因此對自己的建議充滿信心，因為他們腦中的「導航系統」，很清楚的「指」出座標。銷售人員更容易對銷售工作，產生更多樂趣和自信。

接下來，我們再放入「產品質地」的變數，如同這個行業的特性，保養品的瓶瓶罐罐中，包括「化妝水」、「精華液」、「乳液或乳霜」等三大質地。如果我把「產品質地」+「產品功能」+「使用對象」就會誕生以下「產品地圖」：

功能	對象／質地	化妝水質地	精華液質地	乳狀／乳霜質地
抗老	二十保濕	保濕化妝水	保濕精華液	保濕乳液或乳霜
	三十初期抗老	抗老化妝水	抗老精華液	抗老乳液或乳霜
	四十熟齡抗老	熟齡抗老化妝水	熟齡抗老精華液	熟齡抗老乳液或乳霜
美白		美白化妝水	美白精華液	美白乳液或乳霜
清潔		潔膚水	潔膚凝露	潔膚乳

接下來，只要透過詢問顧客對「產品功能」的需求，並且判斷顧客肌膚類型，以決定他適用的「產品質地」，意即定位「橫座標（產品功能）」以及「縱座標（產品質地）」就可以找到顧客最關鍵的「核心產品」。不會出錯，速度快，且讓顧客為我們的專業驚呼不已。

我來示範幾個例子。

如果一位女性顧客年紀約三十歲，想要加強抗老，她皮膚兩頰比較乾，但是用乳液覺得太厚重，請問，她需要哪一罐保養品？

抗老精華液！你答對了。

如果一位二十歲年輕女孩，肌底不錯，並沒有缺水問題，反倒是滿臉油光，她習慣使用凝露質地，且還滿習慣的，請問你會推薦她哪一瓶保養品？

潔膚凝露！喔！你已經是我的超級銷售人員，至少，已經踏出非常重要的一步。

透過產品分類，我們接著開始進行**串聯銷售**。

也就是，我們認為，最完整保養一定要「化妝水」、「精華液」、「乳液或乳霜」三種質地的三層保養，才能把保養效果發揮到最高點。我們提出一個串聯銷售的公式：「水—精—乳，1—2—3」

因此我們再將表格進化如下：

		1	2	3
功能	對象／質地	化妝水質地	精華液質地	乳狀質地
抗老	二十保濕	保濕化妝水	保濕精華液	保濕乳液或乳霜
	三十初期抗老	抗老化妝水	抗老精華液	抗老乳液或乳霜
	四十熟齡抗老	熟齡抗老化妝水	熟齡抗老精華液	熟齡抗老乳液或乳霜
美白		美白化妝水	美白精華液	美白乳液或乳霜
清潔		潔膚水	潔膚凝露	潔膚乳

這代表，我們希望顧客能夠採用1—2—3三個步驟，完成保養儀式。這對銷售人員的意義是，一次可以賣三瓶產品，客件數直接拉高，客單價當然也提升，這張地圖開始產生更多業務和服務的價值。

進行串聯銷售

有人會問，你不是說要先找出「核心產品」嗎？你明明在教銷售人員找出「核心的那一瓶」，怎麼現在又說要賣三瓶？

如果你能想到這個問題，我會說，這本書你開始讀通了。是的，一開始我要你學會找出顧客的「那一瓶」，然後我要你依此為基礎，進行串聯銷售的**銷售話術**。

要使用銷售話術的前提是，你必須給顧客「美好的第一印象」+「專業的顧問形象」+「讓人信任的服務態度」，那麼你才有機會把銷售的餅做大。

為了幫助銷售人員提高客單，1—2—3步驟，我們分別設計串聯銷售的話術，目的是讓顧客覺得，「一瓶很好，但只有一瓶還不夠」的感受。

以下是我們所設計的串聯銷售話語，這段內容一公開，我推測，百貨公司一樓的化妝品業績應該會下降吧，顧客越來越難被引導，因為，顧客已經知道我們的秘密啦！

1	化妝水	•化妝水可以發揮再次清潔功能 •賦予角質水分，讓角質柔軟，開啟肌膚吸收的功效 •角質柔軟就可吸收後續精華液
2	精華液	•精華液是精華成分的濃縮 •精華液分子小，容易被肌膚快速吸收 •容易深入到肌膚底層發揮（抗老、美白、保濕）功效
3	乳液或乳霜	•乳液給予肌膚輕輕的潤澤。乳霜給予肌膚豐富的潤澤。 •乳液或乳霜作用如同鍋蓋，可將前一個步驟的精華液鎖住，留在肌膚底層，發揮更好的（抗老、美白、保濕）功效 •乳液或乳霜提供肌膚潤澤感，不緊繃

因此，我們把1—2—3步驟，進一步詮釋為「開啟—深入—鎖住」三大功效。只要找到顧客的核心產品，例如，是精華液，我們的串聯銷售話語就是：「為了讓精華液可以真正留在肌膚底層，發揮抗老、美白、保濕功效，依照您肌膚狀況，我建議後面要加一瓶乳液。」

如果顧客對精華液和乳液都買單了，我們會進一步建議顧客：「既然精華液跟乳液都買了，您一定是非常注重保養效果的。那我建議，要做就做完整。化妝水可以為保養品擔任一個前導的作用，它可以開啟肌膚毛細孔，並且讓角質柔軟，角質一旦柔軟有彈性，毛孔也打開，肌膚會開始吸收你給它的任何保養品。建議您多帶一瓶化妝水，這是我給您的專業建議。」因此串聯銷售話術的設計，一開始就必須設計好，無論顧客的核心產品是哪一瓶，都可以相互串聯，且都有推薦原因，可以理性的說服顧客。

以上是我之前的經驗，以保養品為例和讀者分享。當然我們也設計「彩妝產品地圖」、「香水產品地圖」。每個大類別都**只有兩個變數**，透過邏輯切割出產品。在訓練上，我先讓銷售人員習慣地圖，鎖定「核心產品」，一方面幫助銷售人員習慣這種新的銷售方法，二方面單瓶的成交率變高。之後，會讓銷售人員開始進行優化動作，進行串聯銷售的推進。等到更有信心，會讓人員在大分類之間進行板塊與板塊間的大串聯，例如，我們會教「保養品連到彩妝品的串聯銷售」、「彩妝品連到香水的串聯銷售」等，只要銷售人員不急躁，按著步驟，和顧客建立關係，詢問正確問題，進行專業建議，透過以上程序，我們保證，只要三個月，菜鳥銷售人員可以擁有三年的銷售功力。

本章重點

秘密武器：產品地圖

1. 透過「產品地圖」，讓業務人員在銷售時，腦中有銷售指南針，可以用最快速度，精準的找到顧客需要的核心產品。
2. 「產品地圖」的另外意義，是找到最重要的核心產品，讓每次銷售提高成交機會。
3. 「產品地圖」產生的第一步驟，必須要找出縱軸、橫軸的變數，亦即產品分門別類的變數，如此才能精準的對焦到產品。
4. 產品分類的變數不宜太複雜，建議可以用「產品功能」、「使用對象」兩大類分。
5. 透過產品分類可以發展出諮詢顧客的問題，亦即你如何分類，你就該以此發展諮詢問題。
6. 透過產品分類可以衍生串聯銷售。但串聯銷售必須事先設計好，並搭配話術設計，才會讓核心產品連結到其他商品。

Step 4

銷售決勝點
絕對成交

每個銷售人員都在尋找最美麗的成交藝術。
透過故事分享、方法說明，糅合心理學的說服技巧以及溝通的手法，
十二個經過實證的實用技巧，一一說明。
包括讓顧客有主控權的「三選二推薦法」、讓顧客進入自己所創造畫面的「圖像法」、爭取轉圜空間的「最高單位法」，以及具催眠效果的「呼喚對方名字法」等。
如何設計讓顧客不斷挑戰高消費級距的秘密，盡在本篇。

Chapter 11
臨門一腳：擁有成交力

顧客的最終決策，來自對銷售人員的感受、對產品的價值判斷，或當下的直覺。他要買的是一種「銷售的感覺」。

顧客為什麼決定購買？大哉問！NLP人類行為學派的銷售專家認為，人類購買是為了一種感覺，一種情緒，縱然是理性出發，最後還是會以感性作結束。人的決策過程，來自於溝通頻道的相似性，就如同廣播的頻道一樣，透過類同的頻道，人會產生好感度，最後決定購買與否。透過這個觀點的銷售培訓手法，就是讓銷售人員去辨認顧客頻道，並且對顧客的溝通頻道做回應，讓顧客產生認同，因此有衝動性購買結果。

另一派銷售專家認為，人類會產生購買主要來自計算的結果，人類的購買來自所得減去付出等於決策，當決策結果為正值，購買行為會自然產生。透過這樣的思考模式，人的所有行為都是大腦盤算的結果，包括對對方信任度的計算、自己付出的交通時間、對於店面環境的喜好度，甚至對眼前這位銷售人員的專業能力，以及購買之後可能帶來的售後服務等計算的結果。大腦經過加加減減的複雜過程，若發現付出大於所得，就會產生「不值得」的結論，因而不讓購買行為產生。

通過市場考驗的成交法

在擔任銷售講師期間，我深深體會到，要促成銷售，銷售人員最需學習，且最符合現實需求的，就是讓顧客的感性凌越理性。顧客的最終決策，其實來自對銷售人員的感受，對產品的價值判斷、或當下的直覺，他要買的是一種「銷售的感覺」。

以下是我十五年來在零售通路的行銷、公關、銷售、培訓經驗中，篩選出最有成交力的促成法，算是我職場生涯的精華與結論。

三選一推薦法

眼見到了成交時刻，現在你正等待這一串服務和努力的成果。從一開始的顧客招呼，探索顧客需求、提供專業諮詢，甚至給予客製化服務，你和對方都認為應該為這次互動畫下一個句點。

但是，這時顧客展現猶豫。他似乎不打算做決定。你發現了他的猶豫，眼神閃爍，和一起來的朋友家人交頭接耳，他偶爾看看A產品，偶爾看看B產品。你必須要加入促購力道。

加入促購力道是必要的，你有許多選擇，常見的有商場買千送百、買汽車加送保固年限、買十瓶送一瓶、限量、限時、限點優惠。但我不推薦此種方法，理由很簡單，因為每個銷售人員都用一樣的手法，你並沒有高人一等，顧客很容易找到願意提出更好優惠的銷售人員。另一個理由更單純，因為顧客這次拿了你的促銷，下一次再來找你購買，你將會自食惡果，因為顧客會希望你以同一條件辦理，甚至當你提出的優惠沒有上一次好，還會產生顧客抱怨。

我的建議是，請你先展現專業，讓顧客因為你的專業而購買，最直接的就是「推薦產品」。

現在，請你選出三個你認為最適合顧客的產品，並將它們一字排開。請把你認為是顧客最需要的，也最容易成交的單品，放在中間位置。請你依照順序，將三樣產品以三至四句話介紹一遍，算是幫顧客做個提醒，讓他憶起之前你所介紹的特點。

接著，請你幫顧客從三個裡面選兩個，然後請你刻意將兩個產品往前推出一步，感覺像是士兵被點名，一大步踏出隊伍往前站立。

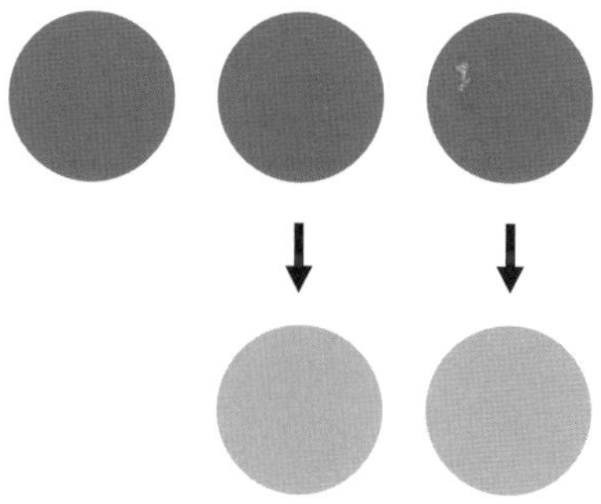

請你這麼說：「剛剛和您聊過您的需求，我也介紹了幾款商品，我想，根據我的專業和我的經驗，我推薦您考慮這兩樣產品。」

讓顧客從兩個推薦做選擇。
如果你的諮詢品質好，財神也降臨，顧客會把兩個都帶走，希望立即感受產品效果。

但大部分情況是顧客會從兩個裡選擇一個。人類的大腦運作邏輯，習慣選擇，尤其是從兩個選項挑選，由於這工作是如此簡單，大腦會開始篩選訊息，產生偏好。就如同人腦分左右兩邊，人類習慣把世界分為「是」與「非」，戲劇中的「好人」、「壞人」分野並不是巧合，人類習慣把事情一切為二，從裡面找出一個屬於自己的選項。

你會發現客人的眼球開始來回游移，他在選擇。不管他最後選出哪一瓶，對我們而言，就是成交。將選擇權交給顧客，讓顧客「認為」是他做最後決定，顧客擁有主控權，交易滿意度將大幅提高，他將很快成為回頭客。

我舉一個案例，將以上的步驟，透過對談，讓你身臨其境。

「張小姐，我了解您很注意肌膚的保養，特別是美白部分，您的肌膚是屬於混合性肌膚，在夏天時候，兩頰肌膚並不會有緊繃感，但是T字部位出油量大，因此，您希望能夠把乳霜換掉，改成比較清爽的質地。考慮到您現在習慣使用化妝水、乳霜簡單的保養，依照我剛剛和您的諮詢，我想以我的專業（拿出三瓶），會推薦您使用美白保濕洗面乳、美白精華液、美白乳液。」

「美白保濕洗面乳在洗臉同時，加入微量去角質成分，讓毛孔汙垢不僅清除，還可以去除老廢角質，注入美白成分。」

「美白精華液是美白精華成分的濃縮，裡面富含維他命C，可以反轉黑色素，又可以快速進入肌膚底層，抑制黑色素作用。」

「輕質美白乳液作用在美白精華液之後，可以賦予肌膚清爽的滋潤，洗後肌膚不緊繃，同時可以將前一道美白精華液鎖在肌膚底層，真正發揮作用。」

「（推出兩瓶）依照我的專業，我建議您今天可以先從美白精華液或美白乳液進行選擇。」

這時，請你保持靜默，讓顧客想一想，給他點空間，不要給壓力。

當然，我必須承認，保持靜默其實給顧客的壓力更大，這時候最有趣的就是，誰先開口誰的氣勢就輸了。我的意思就是，顧客先開口，顧客的氣勢就輸了，你可以準備吶喊，你成交囉。

圖像法

自從西班牙巴塞隆納大學的考古學家若昂•齊良（João Zilhão）與英國布里

斯托大學研究人員阿里斯泰爾•派克（Alistair Pike），鑑定出西班牙境內十一座洞穴裡的五十幅壁畫的年代，發現人類使用壁畫的圖像語言進行溝通後，我們可以確定的是，人類透過圖像、顏色、線條的相互傳送，讓圖像傳承文化的歷史年代，比我們想像得更早。

圖像溝通是人類最原始、且最快速的溝通介面，小嬰兒在出生之後，學習語言之前，他對生活情境的畫面會產生感受。感受讓人有情緒，這也是為什麼人類有心情，但不一定可以透過文字或語言正確的表達出來。

超級銷售員大量運用圖像法，並以此建構顧客的腦中畫面，讓顧客在不自覺當中購買。偶爾，我會接到顧客來電，她們抱怨：「為什麼在百貨公司專櫃試擦保養品時，感覺比較有效，回家之後好像效果沒有那麼好。」同樣一罐東西經過現場銷售人員、氣氛催化，保養品似乎在銷售人員的圖像話術中，幫顧客創造了另一個世界。

我推薦一個話術給你：「您想像一下……」以近乎命令句的方式，請顧客對著面前的物體，開始進入自己的畫面。

我曾經輔導一家以機械表為主的精品，每支售價台幣百萬元起跳，一個月的銷售量約莫十五支，這樣的銷售速度在精品業而言，算是不差。

我們為該品牌設計三段話術，每段話術都是以「您想像一下」為開頭。

「您想像一下，當您戴著這支表招待從國外來的貴賓，我相信它一定會吸引貴賓的眼光，而成為你們討論的話題。」

「您想像一下，這支珍貴的表可以成為傳家之物。您想像一下它可以傳給您的兒子，您的兒子再傳承給您的孫子。而您的孫子戴著它迎接人生第一份工作，就像您陪著他一般。」

「您想像一下，您戴著這支表每天辛勤的工作，每天晚上睡覺前把這支表放在您的床頭櫃，每天早上再戴上它，它會跟著您分秒必爭，迎接每個挑戰。」

所有的對話都是為顧客創造他腦中的畫面，讓畫面產生情緒，讓正面好感和手表進行連結，整個流程就如同廣告作用，但是我們卻透過您想像一下的口語，將畫面感奇妙的創造出來。

再舉另一個銷售案例。

你一定有購買衣服的經驗，最關鍵的要素之一，就是試穿。當你選了幾件，在銷售人員的引導下走進更衣室，成交的機會就已經悄悄開始。銷售人員等在外頭，詢問你要不要走出來照鏡子。因此你穿著「未來屬於」你的衣服，走出試衣間。

在斜擺的大鏡子前，你看到新的自己，高䠷又得宜，這時銷售人員說：「您想像一下，您穿著這件剛好可以襯出腰線，走在路上會讓自己走路有風，充滿神采。」

「您想像一下，這件衣服的蕾絲設計，可以展現女性柔美，當在開會或正式場合，您會展現專業，也展現個人特質。」

以上對話必須搭配兩個重要元素：

1. 必須在銷售前段即積極和顧客建立關係。銷售人員須了解顧客基本狀況、想法、生活型態等，否則顧客會認為你過度操弄他的思考。建立一定的信任感後，圖像法將有如潮水般淹沒理性思緒。
2. 請搭配試用、試戴、試擦。唯有把物品放在顧客身上，才會和銷售的話術連結，因為顧客才會覺得這個物品「和我有關」。

三個 YES

自從諾貝爾得主加州理工學院羅傑・史貝利（Roger W. Speer）博士積極研究右腦，人們才開始意識到，左腦、右腦各自以不同方式進行思考。右腦以圖像思考，因此被稱為「藝術腦」，左腦以語言處理、邏輯分析見長，因此被稱為「知性腦」。大腦從中間分為左半球及右半球，每個腦半球會主宰某些特定的行為，兩個半球僅透過兩百萬到兩百五十萬條神經纖維組成的胼胝體相互連結，當兩邊的訊息傳遞無法立即傳送，大腦在短暫的時間內，會有慣性思考，也就是說，當已經習慣以某種方式反應時，短時間內我們很難改變原有動作，而有新的思考模式。

因此我們利用大腦的慣性，透過問題的鋪陳，問題一個扣一個，讓顧客跟著我們的思路走，而且不斷的直說 YES，三個 YES 法，特別適用在銷售後段，顧客還在猶豫，甚至帶著些許抗拒情緒的狀況。

以下是幾個例子。

在我服務過的品牌中，有一款水晶乳霜，定價六萬五千元，每一瓶都有編號，限量發售，傷腦筋的是，公司進了一百瓶，而我們得到指令，一定要在三個月內銷售完畢。

銷售人員聽了，都知道這是不可能的任務，因為市面上乳霜的平均單價約四、五千元，我們這瓶產品竟然是一般乳霜的十倍以上價格。

三個 YES 這時派上用場，以下是我們討論出的三個 YES 話術。

「每個女人都希望兼具智慧與美麗，而展現自己的獨特風格，不是嗎？」（是呀！）

「獨特風格不只是藉由外表的打理，更重要的是要展現個人的神采和氣色，不是嗎？」（是的！）

「而現在工作壓力大、外界汙染嚴重，要找到能呼應自己獨特風格，又能給予自己亮麗氣色的保養產品實在不多，不是嗎？」（的確！）

「那我們來研究一下這瓶水晶乳霜吧，它能襯托你的風格，也能照顧你的美麗！」（那，好吧！）

這個話術讓我們在兩個月內達成業績目標，當一百瓶售罄，看到同事開心的臉，主管滿意的笑容，又再次印證我的理論：感覺是可以銷售的，只要用對方法。

三個 YES 的用法其實有難度，問題都必須先設計，而且不能讓顧客回神有機會說「不」，當顧客有思考空檔，猶豫著你的問題要不要答「是」的時候，你的問題引導就會破功。三個 YES 的第一個問題最關鍵，必須和「社會常規」、「社會道德有關」，讓人沒有辦法反駁，讓對方大腦只能跟著你的思路走，當大腦的思路一直被帶著回答正面答案，因為慣性作用，大腦一下子會很難說不。

再舉個例子。

之前曾經輔導過汽車銷售，該汽車品牌有一款頂級休旅車，銷售速度不如預期。由於該品牌的穩定性、高品質、優質服務，一直都是很大的特色，所以都是主顧客或者回頭客購買。但是這款頂級休旅車，因為單價過高、同時採用油電混合，因此有爬坡力道的顧慮，再加上這台休旅車體積過大，機械式停車位停不進去，某些停車場也有空間限制，銷售人員在推動時有很大的心理障礙。

經過與品牌部門討論，我們決定要重拾顧客對這個品牌的穩定性、高品質的信心，並且放大休旅車的家庭概念，設計出三個 YES 話術。我們的目標是，透過課程培訓，要求全部的銷售人員把三個 YES 的引導問題練到滾瓜爛熟。

「現在工作繁忙，能夠伴隨全家人出遊，帶著自己的家人、爸爸、媽媽享受大自然風景，是一件很棒的事，不是嗎？」（是呀！）

「而能夠一次乘載全部家人，由您開車走到您想去的地方，是一件很享受的事，不是嗎？」（是呀！）

「家人都在一起，最重要的就是安全和快樂，並創造更多回憶，不是嗎？」（的確！）

「那我們再來看一下這台休旅車，車大又穩、安全性高，絕對可以為您和家人帶來最難忘的旅遊回憶！」

三個 YES 法的運用提醒：

- 要特別注意連貫性。每個問題的設計都必須前後意義相連，一波接一波，讓顧客無法仔細思考，甚至在時間壓力下，用大腦慣性做決定。
- 問題需事先設計。每個問題都必須讓顧客無法反駁，在壓力底下，他唯一選擇就是說：「YES」。
- 要特別注意第一題。提問需要和「社會共同同意的常規」，或和「社會倫理道德」有關。例如：「做子女的就是要孝順父母，不是嗎？」必須讓人沒有任何空間思考，馬上面對第二題的提問。
- 三個 YES 的結尾字必須是肯定句。而這個字會暗示顧客給予正向的回答。

狗狗說服法

如果我告訴你，這個銷售方法年紀已經快八十歲，而且你每天都會碰到，你一定會用質疑的眼光看著我。是的，狗狗說服法的力量很大，許多零售品牌，甚至某些產業便是以這種方式起家。

為何稱「狗狗說服法」？

你一定看過小孩收到寵物當生日禮物的電影或影片，螢幕中小狗從紙箱蹦出來，而小男孩或小女孩驚喜和感動的眼神，任何人都會被這種情緒感動到，畢竟，小孩和小狗一起呈現面前，誰能抗拒？

如果把場景拉到寵物店，調整一下情節，假設，一個小男孩跟著父母親到寵物店，選購他的生日禮物，一瞥眼，小男孩看中一隻剛出生兩個月的米格魯。小男孩奔過去，踮著腳尖，雙手抓著欄杆，臉貼著玻璃，滿臉的歡喜，試著透過玻璃逗弄小米格魯。

「我要這隻小狗！」小男孩的臉上透露出堅定的眼神。

「這麼快就決定啦？你不再看一看嗎？」媽媽擔心的說著。「你要負責養牠一輩子的，你要不要再考慮一下，不要到時候不養，結果變成我的工作。」媽媽沒好氣的說。

「我就是要這隻，其他的我都不要！」小男孩拉高音調，已經在為他即將發作的歇斯底里進行預告。

這時，寵物店老闆走過來了，他正要使用狗狗說服法。

「小朋友你喜歡這隻小狗嗎？」（當然，小男孩的高分貝，絕對讓人難以忽略）。

「可是媽媽說得也對，養一隻小狗，就要負責養牠一輩子。」（小男孩母親眼神為之一亮，看起來這位店老闆並不是急於要成交的類型，不知道為什麼，竟然有點欣慰。為自己沒有選擇其他寵物店而感到開心）。

「我讓你把這隻小狗帶回家，你可以跟牠相處三天看看，如果不喜歡，你還可以把牠帶回叔叔店裡，這樣也不會有負擔。」語畢，抬起頭看了一下帶著滿臉感激的父母，尋求他們的回饋，或者，同意。

當然，你已經知道答案了，小狗被帶回家！你可以想像，小男孩回到家，和小狗一起玩樂、一起睡覺、一起迎接三天的早晨，一起送走三天的夜空星辰。你可以想像，第四天早上，小狗如果要離開小男孩，會是如何的光景。那種分離，會讓人無法面對，無法接受，父母能夠做的，就是打電話給寵物店老闆，確定這隻小狗將陪伴他們的孩子。雖然這樣的決定，不一定如這對父母所願。

狗狗說服法的重點，即是透過「擁有」——「分離」的過程，讓購買的一方，已經習慣使用某些物品，習慣某些使用的儀式，享受某些產品的使用效果，但是時間一到，卻面臨必須放棄的動作。

分離，讓人焦慮。而事實上，這樣的分離動作，已經大量用在我們的零售產業，例如，試用或試吃。

好市多（Costco）的試飲試吃服務，是零售通路裡最「海派」的。不論是玉米湯、牛排、韓國泡菜、蛋糕，試吃的量是一般通路的二至三倍。消費者對於試吃，毫不扭捏，且樂於接受。如果東西好吃，一再排隊，無限供應，是好市多賣場裡最常看到的情景。這種仿效「狗狗說服法」精神：讓顧客先習慣，並且「擁有」，習慣於這種味道、習慣於這種咬勁。由於經過體驗，且大口吃喝的擁有感，讓人產生「習慣」。一旦你習慣了，而必須離開時，會產生剝奪感。剝奪感讓人想「挽回」，因為，人會要回原來屬於自己的東西。

試乘也是「狗狗說服法」的銷售體現。

M品牌日本大廠和金門縣政府配合，在港口設置電動摩托車租車站，只需五十元，即可租借全新電動摩托車。全金門在7-ELEVEn、雜貨店、重要觀光景點都有充電站。您可享受最高時速五十公里，可在金門爬坡、在幾乎無人道路感受衝刺感。四小時只要五十元，十個還車的人有七人表明有意願購買。

下次，只要路邊有人給你免費三天試用品、七天試用即可免費無條件退貨、低價面膜試用包七包、前三次護膚體驗價三九九元等，你就知道都是在使用「狗狗說服法」。

狗狗說服法最迷人的地方就是，顧客經過一段時間的使用，而非僅是單次的體驗，讓顧客有「擁有」的錯覺，一旦「習慣」，顧客會很難接受「分離」。

表現驚訝

你的顧客超過五〇%是視覺動物。你的表情和肢體動作，往往會給顧客訊息，並決定出顧客的回應。溝通是一個動態的過程，一個人的回應，來自於他所接收的刺激和訊息，訊息經過轉換，經過決策之後，你會看到、聽到、感受到對方所反應的結果。因此身為銷售人員的你，就必須聰明的管理你所發給顧客的訊號。

我非常喜歡艾伯特・麥拉賓（Albert Mehrabian）教授的七—三八—五五法則。麥拉賓明確的指出，當一個人決定是否要相信一個人，或者判斷訊息真偽時，五五%關鍵來自對方的肢體語言（包括眼神以及肢體語言），對方的音調變化占三八%，而對方所說話語和內容，僅占七%影響力。

麻省理工學院（MIT）「人體互動實驗室」主持人艾力克斯・潘特蘭（Alex Pentland）教授也證實，人與人在互動時，會散發出「誠實訊號」（honest signals），誠實訊號主要來自於「肢體表情」，包括站姿、坐姿、手勢高低、手勢範圍、眉眼眼神、嘴部表情、音調高低、聲音速度、穿著髮型等九大肢體表情所構築而成。二〇〇九年《哈佛商業評論》（*Harvard Business Review*），將「誠實訊號」評為「突破性概念」，潘特蘭教授的研究更指出，透過數位探測儀器的測量，可以精準的預測人類的行為。

不論你是不是「肢體語言」專家，你我都必須承認，肢體所給予的訊息，讓對方可以立即察覺或觀看，而其所流露的訊息，是如此短暫，又如此真實。對「肢體語言」的了解，已經是二十一世紀的顯學，你可以看到前美國聯邦調查局（FBI）探員喬・納瓦羅（Joe Navarro），因為一本《FBI教你讀心術》，已經三年受到哈佛大學邀課，成為國際級的讀心術大師了。

要觀察一個人的狀況，最容易且最具力量的，就是「眼神」。眼神是由「眉頭」、「眼尾」、「眼睛」所組成，因此不同的情緒就由這三個眼神元素搭配而成。驚訝的眼神，如你所知，你必須打開眉頭、撐開眼尾、並且放大眼睛，如果可以，倒抽一口氣，讓驚訝的情緒能量更大。

為什麼要在最後成交的單元，談「驚訝」眼神？因為銷售的收割，是和顧客進行直接的談判，顧客會跟著我們的反應，決定提出底線。而談判最大的原則就是，提出對方幾乎無法接受的價格或規格，隨著一來一往，調整雙方的「期待」，然後試著讓彼此走到可接受的「雙贏」接受區。

所有顧客都知道，如果談判條件不佳，他的最後籌碼就是「不買」，或更氣人的「我找別人買」。許多銷售人員聽到這個撒手鐧一出，大概都兵敗如山倒，很少人可以挺得住。但我要請你撐住，並請你表現出「驚訝」的樣子。

表現出你的不可置信！不敢相信，顧客竟然會提出這樣幾近無理的要求，或是從來不曾出現的條件。你表現驚訝，讓顧客自己覺得無理取鬧，不懂市場規矩，顧客罔顧你的服務和一個身為銷售人員的人格尊重，你表現驚訝，好為自己爭取更多談判籌碼。

「表現驚訝」必須自己也能說服自己，驚訝的情緒表現，必須讓對方真的有這樣的情緒感受，而不是你刻意「演出」，表現驚訝之後，請你搭配下一個成交技巧：「最高單位」。

最高單位

在最後成交階段，你必須承認，需要更多和顧客談判的「空間」和「資源」。在此，我先不提資源，因為，你可以立刻想到公司的促銷方案、特惠方式、免費服務、讓步的價錢空間。換個方式說，如果公司提供一堆特惠或促銷，那麼銷售人員能展現的價值就相對壓縮。

因此，我們來談一談「空間」。要和顧客談判，第一線打仗的銷售人員就得有推辭的藉口，他得扮演白臉。

至於公司的黑臉，不一定要有這樣的人物存在，「他」可以是真實人物，也可以在你的「口中」存活著，無論如何，你需要一個「轉圜空間」和顧客進行關鍵性的成交談判。

「轉圜」，就是希望多爭取時間、減少價錢降幅、創造產品的價值感。事實上，「最高單位」的用法，經常發生在我們生活周遭，我認為甚至有大量濫用的趨勢。

以下是一段你也許熟悉的對話：

「我在你們這裡買這麼多東西，要算我便宜一點。」

「張先生，不好意思，我們的價格都是不二價的。」

「什麼不二價，我跟你買了三部車，你連個優惠都沒有！」

「張先生，不好意思，我真的很為難……」

「我跟你要優惠，純粹要的就是一個感覺，我要你們表現誠意，真的把我當成一個VIP，廢話不多說，幫我總價打個九折，不然我就三台都不買！」

「張先生，我了解，如果我是你，我也覺得已經這麼支持這家公司了，要個誠意的確不過分，公司給予VIP顧客在配備上有很大的優惠，但是對於您提到的價格直接優惠，**我必須要跟公司更高主管請示**，畢竟，我的確有為難的地方，也請您務必見諒。」（經過五分鐘）

「張先生，我已經緊急和副總聯繫過，他非常謝謝您的支持，因此這次特別以專案處理，在價格上直接打九折。也希望張先生未來能多支持，多介紹朋友過來。」

「最高單位」可以為最後成交階段帶來讓步，但是又不失原則的談判對話。要使用此種成交技巧，請務必展現誠懇和誠意，不要刻意演出，一旦顧客發現你造假，容易產生反感。

呼喚對方名字

溝通大師卡內基曾經說過：「人類聽到最美的聲音，就是自己的名字。」對我而言，「呼喚名字」的關係建立法，一直有一種魔力在，如果要我提出一個可以建立銷售關係的絕對成交技巧，我會毫不猶豫的使用這個方法：呼喚對方的名字。「呼喚對方名字」，必須從見面一開始就使用，而我的建議是，不要稱呼對方的正式全名，在對方的允許下，最有價值的方式是，稱呼他的「江湖稱號」。

什麼是「江湖稱號」？江湖稱號就是你在求學時代同學叫你的名字，或是你比較親密或熟悉的朋友稱呼你的方式。「江湖稱號」比正式名字更容易拉近距離，也更容易產生說服作用，那是因為，江湖稱號泰半都是他人給你的小名，它可能充滿回憶和故事。例如，我的江湖稱號是「安妮」，只要聽到路上有人大聲喊「安妮！」我會不自覺的尋找呼喚的人。

「安妮」是我高中時一位非常要好的同學幫我取的稱號。高中時期是我求學階段最美好的一段時光，全校都是女學生，學校管得很嚴，非常注重考試成績，嚴格禁止從事不必要，且會影響在校成績的活動，例如：看漫畫書。但偏偏我熱愛漫畫，而我和這位要好的同學，因為我們身高相近，彼此座位坐在一起，高中三年裡，我們最大的樂趣就是突破老師和教官的防線，偷渡漫畫到教室，在上課中尋找老師的目光空隙，偷瞄一兩眼那漫畫中的少女故事。剛好有一套我們當時為之瘋狂的套書，女主角叫「安妮」。也因此，縱然長大後，我一直覺得自己長得不像安妮，（可能在我心中，安妮這個名字應該是非常優雅、少女情懷、可愛、具有公主特質），但為了回味這段友誼，我一直沒有換掉這個名字。

在社會打混，由於自己的表達能力不錯，從行銷工作轉到培訓，辦公室主管以及第一線業務人員也都稱呼我「安妮老師」，接著，隨著經驗和年齡的增長，我擔任亞太地區的教育訓練經理，因此我的稱號又被升級為「安妮校長」。只要有人稱呼我「安妮」，回憶湧現，且讓人無法拒絕，因為，我回憶中的人物，正在「召喚」我。

呼喚對方名字，是我最常用且最常嘗到甜果的方法。使用這個方法，請務必在一開始就留意對方的稱呼。

「您好，我叫張敏敏，請多多指教。」（遞名片）

「您好，我叫李安安，行銷經理。」（收對方名片）

「李經理，您好！你可以叫我敏敏，這樣比較不生疏。」

「好的，敏敏，那你也可以叫我安安就好。」

之後的兩造對話，請一定要以「敏敏」、「安安」互相稱呼。一旦不小心失口，從「安安」稱呼回「李經理」，那麼由名字所呈現出的親近感，會立刻消失。

在最後成交的關鍵時刻，請務必「呼喚對方名字」，成交機率將倍增。甚至，如果這次的成交最後走到帶有負面情緒氣氛，只要呼喚對方的江湖稱號，就能將訴怨減到最小，因為，人被自己的名字「制約」，我們無法拒絕自己的名字，無法對如同自己朋友的人無情無義。

「呼喚對方名字」除了可以拉近人與人之間距離、讓人無法產生拒絕之外，在銷售上更大的意義是，它可以讓人覺得自己被「指定」、「要求」，而照著對方的心意去做。

在進入成交的最後階段，你可以透過「指定」，「要求」，顧客做出某種行為，請搭配以下步驟：

1.首先，你要對方做什麼，請在不冒犯對方的情況下，具體說出來，在話語結束的最後一至兩個字，降低音調。例如，「我要妳今天就買回家，直接體會頂級紅酒的口感。」

2.接著，請你說出確認對方意願的話語，越簡單越好。最後，請直接稱呼對方的江湖稱號，或者他的小名，做結束，例如，「好嗎？安妮。」

3.然後，你看著對方的眼睛，輕點下巴，不露齒微笑。接著，不要開口，保持沉默，等對方回應。

不要急，等個三、四秒。沉默，是全世界最震撼人心的競技場，如果對方先說話，就是對方先示弱，這點，我在銷售上感受非常強烈，尤其是高單價、大訂單，或者對方是屬於掌控性強的買者，沉默，最具征服感、說服力，但也不諱言這需要無比勇氣和大量練習。

試試看，透過「指定」，要求對方為你做一件事，然後，「呼喚他的姓名」，搭配善意邀請的肢體，以及深具征服權威的「沉默」，你可以在最後成交時刻，完美出擊，收網，豐收！

實現承諾

人對於溝通會有「一致性」原則（consistency principle），不管這個承諾是否違背自己的意願，只要自己承諾的事，都會想辦法實現，因為如果做不到，就會「受到良心的譴責」、會有「罪惡感」，因此人會想辦法修正自己的決策或行為，以符合自己曾經許下的承諾。

不知你是否曾接過市調公司的電話，對方想要進行市場調查，以確定某產品是否符合顧客需求，訪談只需三分鐘，希望你能撥冗回答幾個簡單問題，「我們不會讓您填寫任何基本資料，可以麻煩您嗎？張小姐。」好啦，三分鐘而已，怎麼回答還取決於我，這有什麼難的。

假設這是一個飲品的市場調查，一開始只是問你幾個口味的問題：

第一題，「如果是水果茶，請問您喜歡酸甜奇異果、清爽西瓜，或是口感濃郁的芒果？」（腦中開始出現曾經吃過的各種水果的經驗，因此很快的選了一個答案）。

第二題，「請問如果是酸甜奇異果，您偏好純粹原汁，或是要有奇異果口感果粒？」（這就是個人偏好問題了，隨意的選一個，很真實的反映自己的口感）。

第三題，「在不提示的情況下，請您說出三個飲料的品牌。」（對於常喝飲料的你，可能不是個問題，當然你毫不猶豫，說出三大品牌）。

第四題，「請問您聽說過ＡＡ牌飲料嗎？」（ＡＡ牌？沒聽過）。

第五題，「ＡＡ牌飲料是您提到的三大飲料品牌的供應廠商，會增加你對ＡＡ牌的信任感嗎？」（喔，既然是上游廠商，也許可以考慮一下）。

第六題，「ＡＡ牌飲料如果在今年夏天推出酸甜奇異果，且有果粒咀嚼口感的飲料，您願意買來試飲看看嗎？」（到時候再說，如果不貴，我也許會考慮）。

第七題，「如果您覺得ＡＡ牌飲料試飲之後口感不錯，價錢合理，請問您會多買幾瓶給家裡的小孩或大人喝嗎？」（也許會考慮）。

根據實驗結果，只要在市場調查電話中，說出願意考慮購買試喝，消費者實踐承諾的比率高達七成。這樣的結果，讓廠商驚豔，因為，完全不認識的人，只要許下口頭承諾，就可以在未來新品上市時，讓這些曾經接過電話的人，主動產生購買，實踐他曾經說過「考慮購買」的承諾。也因此，在銷售上，我們強烈建議，要讓顧客「說出」、「寫下」承諾。人會有「說話得算話」的道德譴責，要想辦法讓顧客許下諾言，即使他當下並沒有確切的責任或義務得實現他曾經說過或答應的事。

我們在櫃檯的業績管理上，要求銷售人員一定要讓顧客主動填寫「顧客資料卡」（customer note）。好的「顧客資料卡」設計，除了有顧客的資本資料、CRM系統需要建置的代號外，也會設計幾題簡單的問答題以了解顧客需求和想法，顧客的消費習性、消費實力，並且要暗示或引導他的未來行為，好為未來新產品上市，或銷售人員再度接觸時，成為重要的成交依據。

從美妝界起家的我，就以美妝界的顧客卡說明：

- **顧客基本資料：**
  1. 姓名／性別
  2. 地址
  3. 日間聯絡電話／夜間聯絡電話
  4. 身分證字號
  5. 服務的產業／職稱（單一勾選）
  6. 個人年收入（單一勾選）
- **顧客需求**
  1. 目前最大的肌膚困擾（可複選）

2. 目前使用的保養品順序（填寫1—2—3為例）
3. 目前使用的保養品品牌（可複選）
4. 偏好保養品質地（可複選）
5. 希望能夠得到哪些保養品訊息（勾選，可複選／其他，留空格讓顧客填寫）

• **顧客生活習慣**

1. 職場生活習慣（勾選，可複選）
2. 家庭生活習慣（勾選，可複選）
3. 休閒生活習慣（勾選，可複選）

• **顧客肌膚狀況（由銷售顧問填寫）**

1. T字部位出油狀況（勾選＋圖示）
2. 兩頰出油狀況（勾選＋圖示）
3. 臉部清潔習慣（勾選，可複選）

• **顧客的購買習慣（由銷售顧問填寫）**

1. 曾經買過的商品

2. 曾經做過的服務
3. 對顧客的稱呼及熱絡程度
4. 顧客的特殊習慣（例如是否養寵物、是否習慣帶老公或女兒等來櫃上、喜歡修眉）
5. 曾經享有的優惠（使用護膚券、周慶折價券、參加貴賓會）

• **顧客問卷調查**

1. 顧客覺得這個品牌好的地方在哪裡？
2. 顧客覺得這個品牌可以更好的地方在哪裡？
3. 您會再選擇這個品牌嗎？為什麼？
4. 您會推薦給您的朋友試用這個品牌嗎？為什麼？

顧客資料卡最有價值的內容，就在最後一題。我們發現，只要顧客在問卷調查項目的第三題回答：願意，回購率會增加三〇％以上。最後一項第四題只要顧客回答：願意，當我們邀請她參加推薦好友的貴賓會，她的出席率及攜客率幾乎達六五％以上。這些數字都在告訴我們，人為了符合「一致性原則」，擔心自己食言，實踐承諾的機率會讓超級業務絕對驚豔。

其他成交技巧

給予壓力

在銷售的最後階段，你曾給顧客壓力嗎？逼迫他購買？做決定？我相信許多銷售人員都試過這個方式，贈品，是最常見的施壓，告訴顧客只有今天買一送一，錯過就沒有了，但其實我們都心知肚明，為了成交，絕對有無數個買一送一。

「缺貨」也是另一種常見的施壓。銷售人員告訴顧客，只剩下眼前這一組，如果不買，其他顧客排隊等著買，而很多顧客也都曉得，如果真的許多人爭先恐後搶購，廠商怎麼可能讓熱賣品斷貨。因為韓劇《來自星星的你》女主角千頌伊最鍾愛的那雙銀色尖頭高跟鞋（Able Pump）的品牌周仰傑（Jimmy Choo），成為許多亞洲女性的指定款，無奈市場大缺貨，「缺貨」壓力籠罩全品牌，Jimmy Choo對外宣稱「為了照顧全亞洲女性的緊急需求」，將六個月的製鞋製程，硬是縮短一半以上。我們又再度確認，即使無法「快工」，但為了市場，這世界其實沒有真正的「缺貨」。

「限時限量」也是你耳熟能詳的施壓銷售方法。這個手法經常在母親節、情人節、父親節、聖誕節等節慶使用。透過有限的時段、產品，讓顧客產生衝動性購買。

不諱言，很多銷售人員玩假的「限時限量」，時間段過了，依舊銷售，因此這個手法事實上效果並不大。為什麼時間到了，不見好就收？很簡單，因為還有存貨。

可以想像，只要欺騙消費者一次，「限時限量」就會破功，因此我常常提醒，要玩就玩真的，這樣的銷售才具動力，才有格調。進入二十一世紀，許多廠商並沒有放棄「限時限量」手法，畢竟，「搶購」非常具有話題性，同時對於業績的助益很大。因此，限量產品的「號碼烙印」，成為此一銷售方法衍生版。

例如，全球頂尖打火機品牌 Zippo 在七十五週年時，推出側邊刻有序號的全球限量版升級款；蘭蔻化妝品的頂級乳霜在二〇一二年推出絕對完美黑鑽奧秘霜限量款，限量編號一百瓶等。

事實上，產品編號這件事，並不是高端品牌才擁有的特權，只要你誠實的設定號碼，並且讓顧客了解編號的意義，就已經達到「限時限量」的購買動力。最有名的案例就是北京全聚德烤鴨，全聚德的烤鴨在老饕口中並非首選，但為什麼餐廳名氣特別遠播？因為每位吃過全聚德烤鴨的顧客，都會收到一張「烤鴨紀念卡」，上面寫著你吃到的是第幾隻烤鴨。因著編號，吃烤鴨這件事開始變得有價值，有意義，最重要的是，顧客「參與」了這件事，感受到獨特性，而讓「限時限量」變得更有意義。

假設成交

這個成交手法的運用，就是銷售人員已經暗示顧客一定會購買，接下來只是要買哪一個，因此，在詢問顧客意願時，直接用封閉式的問題，要求顧客做選擇。請記住，**顧客只要做了選擇，對你而言就是成交**。

以下是幾個最常見的假設成交問句。

「黃色和紅色，你要選哪一個？」（選顏色）

「你要家庭號，還是要攜帶型的容量？」（選容量）

「今天要多帶一瓶，也給媽媽一起吃嗎？」（增加使用者）

「你要可拆式？或是一體成型？」（選使用規格）

「這次是刷ＡＥ卡或是付現呢？」（選付款方式）

「假設成交」法必須經過前段與顧客建立關係、展現專業的提問、解決顧客異議之後，確定已經進入到最後成交階段，同時你也感受到成交的氛圍，再考慮使用此法。我的理由很簡單：避免讓顧客感覺你在強迫促銷，反而將前面辛苦建立的局面破壞，讓這次的銷售成為單次成交。

「假設成交」法適用於出現在促銷期間的老主顧，一個好的銷售人員，會記住顧客的喜好及購買習慣，在產品進行折扣時，第一時間與主顧客聯繫，並且保留貨品。銷售人員對於主顧客的購買習慣，其實已經掌握相當多細節，促銷期間的銷售對很多顧客而言，其實就是先買未來半年、一年的量，因此，「假設成交」往往能造就驚人的單次購買金額。

階梯式議價

成交階段，也意味著「議價」時刻來臨，在本書中我並沒有著墨與顧客的議價，主要是因為，我假設你的專業和價值，可以讓價值遠大於價格。

但我們不得不承認，「議價」對銷售人員是非常重要的課程，尤其是面對高單價產品，如房子、珠寶等，對許多顧客而言，議價是重要關鍵，更遑論如果顧客是代表公司採購，他最主要的任務，絕對是以合理的最低價購買產品。因此我還是要針對階梯式議價小小著墨。

「階梯式議價」法是假設，如果銷售人員開的是最高價，顧客要的是最低價，那麼雙方最後的成交價格，是透過銷售人員往下讓步，顧客往上加碼，雙方一層一層如階梯般的一加一減方式，最後走到雙方都可接受的價位，成交。

舉個簡單的例子。

如果兒子伸手跟你要四百元，你會如何反應？

「為什麼需要這些錢？」你一定想知道原因。

兒子何其聰明，他遺傳你慧黠的思路和反應，早就想好理由等著你。

「我要跟同學去看電影，慶祝同學生日。」

「看電影花不了那麼多錢，而且我平常已經給你零用錢了。最多給你兩百元。」

「兩百？怎麼夠？我難道不需要吃點東西嗎？給我三百五十元啦！」

「看電影再加上喝可樂，我給你兩百五十。」

「總要點交通費吧，三百元，多個五十元讓我坐捷運和公車，差不多啦！」

最後，雙方以三百元成交。

其實兒子的底線是三百元，因此他一開始就把零用錢價格開高，準備應付父母的砍價，兒子以五十元逐步退讓，父母以五十元逐步加碼，走到雙方可以接受的價格，如同一個在階梯高處，一個在階梯低處，這一退一進過程便稱為「階梯式議價」。

兒子一開始要四百元，父母一開始只給兩百元，這是經常看到的例子，成交價通常會在三百元。因此，超級銷售人員要知道，一開始開價開高，才有機會合理的「走低」，讓顧客覺得價格是往自己的方向下降，才容易成交。

給予利誘

給顧客小贈品、隨身組合、限量禮物、ＶＩＰ限禮，是常見的「給予利誘法」。但我要特別介紹的給予利誘法，不是給顧客贈品，而是透過多花錢的方式幫顧客「省錢」，這一招，是我在百貨及通路打混多年領悟到的，而且需要超人記憶力，才使得上的一種業務高招。我必須聲明，這一招不是每個人，或每個產業都適用，但是你可以感受其中奧秘，也許可以開創出你的全新銷售新招。

1. 品牌贈品	2. 百貨通路贈品	3. 品牌會員點數
五〇〇〇元送贈品A	六五〇〇元送贈品包	六〇〇〇點數加倍
八五〇〇元送贈品A＋B	九〇〇〇元送禮盒組	一〇〇〇〇點數五倍
一二〇〇〇元送贈品A＋B＋C	一三五〇〇〇元送贈品包＋禮盒組＋精油	一五〇〇〇點數直接抵現金
一六〇〇〇元送贈品A＋B＋C＋D	二〇〇〇〇元送法國贈品包＋精油禮盒組＋水晶對杯	二〇〇〇〇點數直接抵現金再加二〇〇〇點

右側表格內的消費級數有個特色，它們都是相互交叉，彼此級距約有一千五到二千元左右，讓顧客的消費只要搆到某個門檻，新的消費總額會再接近到另一個項目的門檻。

請各位回到表格，可以看到，最低消費門檻是五千元，也就是，這個促銷檔期會優惠到五千元消費金額的顧客。然後百貨通路及品牌會員點數的贈送，會透過品牌與百貨的事前設計，產生無接縫優惠級距。**銷售話術是透過級距而設計的**。

各位請參考以下例子：

例如，如果你看中某個商品，百貨週年慶折後消費金額是**五千五百元**，銷售人員會這樣利誘你：「您只要再多買一千元的東西，就可以多送一個贈品包。你要不要看看還缺什麼？這個贈品包售價要二千元，你可以省下一千元，免得吃虧。而且您是我們的會員，會員點數可以加倍，非常划算！」

等到你好不容易找到一個一千五百元的產品，總共買了**七千元**，銷售人員問你：「您要不要直接看三千元的產品，可以拿到A、B兩個贈品，贈品包，以及會員點數加倍。**花八千五百元**，可是可以拿到外面定價超過六千元的贈品。」如果這位銷售人員的攻勢不斷，他可以再建議顧客：「如果我是您，我會多花五百元，湊到**九千元**的滿額贈，多拿一個禮盒組，這樣光拿贈品就很划算。」

好啦，各位讀者，如果你搞不清楚以上的贈送是怎麼一回事，不必著急，我們就是要讓消費者看不太懂，當顧客還在想到底怎麼回事，到底這些贈品是怎麼送，送哪些？符合哪些消費或贈送門檻的時候，銷售人員早就已經把各種優惠牢牢記住，並且事前演練，把優惠方案轉換成銷售話術，讓身為顧客的你只聽到「省錢、划算」，但是卻忘記你本來只是計畫消費五千五百元，但是透過「給予利誘」，銷售人員成功的達成單次消費金額九千元，客件從原來一件提升到兩件，不論是在銷售總量，或是銷售件數上，都是大躍進。

使用「給予利誘」必須確定所贈送的優惠，真的讓顧客感受到被「誘惑」，而想要進一步購買，如果提供的贈送沒有吸引力，就會削弱消費者往下個級距前進的動力。

本章重點

臨門一腳：擁有成交力

通過市場考驗的成交法：

- 三選二推薦法：幫顧客從三個裡面選出兩個。讓顧客有主控權及選擇權，讓他決定最終購買商品。
- 圖像法：讓顧客進入到自己所創造的畫面，產生情感性的購買。使用圖像法話術「您想像一下……」創造圖像情境。
- 三個 YES：利用大腦的慣性，透過問題的鋪陳，讓問題一個扣一個，顧客跟著我們的思路走，不斷的一直說 YES 之後，就很難說出 NO。
- 狗狗說服法：例如「試用」、「試擦」都是此種方法的運用。透過「擁有」—「分離」的過程，讓顧客產生「擁有感」的購買衝動。

- 表現驚訝：你的顧客五〇%都是視覺動物。在成交的最後階段，透過你所表現出的不可置信、「驚訝的眼神」，讓顧客覺得自己提出無理要求，讓你爭取更多談判籌碼。
- 最高單位：透過「最高單位」的運用，超級銷售人員幫自己贏得「轉圜空間」，所謂「轉圜」，就是希望多爭取時間、減少價錢降幅、創造產品的價值感。
- 呼喚對方名字：呼喚對方名字可拉近彼此的心理距離，更有說服作用，讓人覺得自己被「指定」、「要求」而照著對方的心意去做。
- 實現承諾：只要曾經承諾的事，人都會想辦法去實現。讓顧客透過問卷、顧客資料卡自我承諾，將可達到說服效果。

其他成交法：

1. 給予壓力：包括限時、限量、限點的銷售，透過讓顧客感受到稀有性，而促成成交。
2. 假設成交：銷售人員已經感受到最後成交的強烈氛圍，在假設顧客已購買的情況下，要顧客做選擇。請記住，顧客只要做了選擇，對你而言就是成交。

3. 階梯式議價：透過業務往下讓步，顧客往上加碼，雙方最後會走到都可接受的價位。

4. 給予利誘：透過事前設計贈送級距，讓消費者不斷被誘惑，而持續往更高級距消費。

Step 5

銷售後續
處理顧客異議

在銷售過程中，顧客隨時會提出自己的想法；顧客不贊同我們所提的說明、銷售建議，顧客所想的和我們「不一樣」，而讓銷售流程受阻，即稱為「顧客異議」。

面對顧客異議，你會產生情緒，請你掌控自己的情緒，小心應對，你只有兩秒鐘時間找回銷售主控權，本篇將以六個步驟，讓這關鍵時刻產生正面結果。

而再多的道歉及安撫，還不如提出一個有效的解決方案，本篇將給你構思解決方案的思路及方向。

Chapter 12

一 兩秒鐘決勝負

六個步驟，處理的時間前後不過兩秒間，因此需要不斷練習，才能在下次面對的時候，自然展現。

顧客坐在專櫃的ＶＩＰ椅子，正在高聲尖叫，整個百貨公司一樓的人都聽到她的尖叫聲，銷售人員已經嚇傻呆在一旁。當天，督導剛好到現場，正在幫忙做業績，一聽到尖叫聲，立刻往聲音方向轉過頭去，只見顧客坐在ＶＩＰ椅子上，右手撫著右邊眉毛，臉部看起來非常扭曲且痛苦。

怎麼回事？

二十分鐘之後我飛奔到台大醫院急診室，顧客的臉色發白，戴著口罩的她，看不出表情，但瘦弱的身體，散發著怨念。

原來一個小時前，這位顧客到專櫃來，想請銷售人員修眉，當天人潮很多，人手不夠，督導就請一位剛上班六天的新人幫忙。儘管新人還沒上過產品課程，但她之前曾在某品牌擔任彩妝師，修眉是稀鬆平常的事，想來得心應手，因此請新人幫忙也許順便可以做業績。

新人被賦予任務，拿起自己帶來的修眉刀，準備修眉，結果發現眉刀不夠銳利，力道跟手勢都出來了，雜亂的眉毛還是原封不動，因此，新人向現場另一位同事借了一把全新的眉刀，準備施展她的手藝。

可能是不習慣這把借來的眉刀，力道拿捏不穩，眉刀才一下，客人立刻臉色慘白的對新人說：「我的眉毛有感覺……」新人一聽到顧客在小抱怨（顧客異議），一緊張，就拿起化妝水，想要幫顧客做清潔和舒緩，但是卻拿到一瓶含有酒精成分的產品，讓顧客已經帶有傷口的皮膚，碰到酒精，接下來的情況，各位都知道了。

兩秒鐘處理自己的情緒

我想表達的是，若在第一時間可以鎮定情緒，將顧客異議或誤解，妥善處理，之後，你不用花費兩到三個月或更長的時間處理顧客抱怨，也不會讓現場狀況惡化，這一切，都需要你先穩定情緒，冷靜應對。

冷靜應對？說的容易，做起來可不容易，因此我集結二十年來的經驗，整理出六個步驟，讓你在兩秒內，成就奇妙的無限可能。

步驟1：確認你真的生氣了

顧客問了好多問題，站在眼前的這個人不斷問你許多「小」問題，例如為什麼這台車子只出銀色、黑色，就是沒有他要的紅色。這，你實在無法回答，你心裡想著，這車子又不是我做的，我怎麼能決定什麼顏色。

或者，他開始挑剔車子裡的味道，他覺得車子的皮椅，不是真的牛皮做的。顧客炫耀的說：「我之前那台車就是內裝全牛皮，對於牛皮我可是很在行。肉眼看應該要有毛細孔，聞起來要有牛皮的騷味，可是這台……」他停頓一下，「牛皮味道是有，但就是有一種化學的怪怪味道。」你聽了也很無力，你心裡想，這台車子進到海關倉庫後，就直接送到營業所，「難不成我把真牛皮挖掉，換成假的嗎？」你心裡犯嘀咕，對於眼前顧客提出的問題，越來越沒有耐心。因為，你覺得他實在無理取鬧。

這是典型顧客異議的情境。你遇到顧客的言語對抗、情緒對抗，顧客問了一個「你認為」沒水準的蠢問題，你覺得你快要失去耐心，這時，請提醒自己，要開始留意自己的情緒狀況。

人類的情緒反應，因人而異，最典型應該會開始呼吸急促、心跳加速、表情僵硬，手心冒汗等。

請你先確認自己開始有負面情緒反應，並且尊重這個情緒反應，因為你得啟動下一步。

步驟2：按下心中紅色警鈴

發現自己已經有負面情緒反應，請趕快按下心中的紅色警鈴（red bell）。

紅色警鈴代表當你銷售遇到壓力，或者挫折，我們的認知會啟動自我防禦裝置，會處於緊張的防備狀態，啟動紅色警鈴的最大意義是，讓自己的情緒及身體意識到，自己正處於情緒起伏的負面反應，因此你可以接著進行自我舒緩的動作。

自我舒緩動作，我大力推薦練習深度呼吸，這是交感神經中少數可以控制自己的方法，有效，又不花時間，你可以進行「有意識」的放鬆。試著深呼吸，把氣體送到腹部，再慢慢的吐氣，讓更多氧氣進入身體，啟動副交感神經，讓心跳緩和。

強迫自己放鬆的另一個意義是，如果你開始緊張，並且處於緊張狀態，顧客將很快感受到，因而造成顧客的緊張反應，許許多多的顧客抱怨就是從這個點開始的。你放鬆，顧客就放鬆，你所表現的態度，將會決定顧客的反應。因此，試著放鬆，也是給自己製造脫身的情境。

自我舒緩之後，接著我要求你閉起嘴巴，不要脫口而出。人在遇到壓力時，所說的話往往傷人，且當事人事後都會後悔。話說出口，很難收回，不要說出讓自己後悔的話，也不要造成公司處理的為難，當然更不要造成後續更嚴重的發展，因此，我要請你閉嘴，先不要開口說話。

忍耐。

步驟3：想想接下來該怎麼辦？

先試著自我催眠：「他不是針對我，他只是誤解了，或只是需要幫忙，總之，他一定發生什麼事了，他不是故意的。」我要你試著原諒他的粗魯或無理，顧客不是針對你而來，半小時前你們兩個人還不認識呢。他只是想要維護自己的權利，換作你是他，你不一定會做比他更高明的事。總之，我要你情緒先緩下來，你才能冷靜思考。

好的，冷靜，請你想一想，你下一步該怎麼做。

顧客到底想要什麼？他想要個解釋？他想要換貨？他想要退款？或者，他純粹就只是想發洩。

想一想，猜都好，就是不要腦筋一片空白，你要讓自己可以主動回應。

在想到主動回應的方法前，你也可以思考一下，誰可以幫你。現在誰在你旁邊？他可以幫你嗎？可以幫你做個解釋，或者，幫你先處理一下店裡面其他的客人？倉庫還有人在嗎？物流有人可以幫你專人專件快速處理這個顧客需求嗎？想一下！你需要外援，不要害怕求救。

步驟4：要有自信

顧客的口氣可能凶狠，用詞也許銳利，但我要你挺起胸膛，眼神迎上，我要你有自信的面對他的疑問。請你告訴自己：「我正在盡最大努力，我要鼓起勇氣，我要盡我所能幫助他！」

也請你想想你的團隊，我要你展現當責精神，請你告訴自己：「還好這顧客是我處理的，要是其他同事碰到這個客人，絕對應付不了！」

步驟5：有所學習

如果你已經處理告一段落，顧客也已經離開，我要你到洗手間去，喝口水，洗把臉，請你沉澱一下，讓自己的心情恢復。我知道你不是萬能的，你會心情起伏，我要你做的只是，找個沒有人看到你的地方，喘口氣，讓自己離開現場。放空，有時是最好的紓壓。

然後，我要你想一下，經過這個事件，你的學習是什麼？下次如果再有一樣的事情發生，哪個部分你可以做得更好？你會讓自己的處理方式更細緻？更符合顧客需求嗎？你腦海中可以閃過任何思路，唯一我要你不要閃過的念頭就是害怕或辭職。

擔任銷售，本來就是會遇到顧客拒絕。

步驟6：自我激勵

請你犒賞自己。

你絕對有理由犒賞自己，你想一想，你剛剛克服情緒，成熟的解決顧客的疑問或問題，你需要被獎勵。獎勵不要等主管，不要等別人給，你可以下班的時候，吃個自己喜歡的牛肉麵，或者喝個自己熱愛的香草咖啡，總之，犒賞自己，然後讓自己的情緒和今天的事情做切割。

以上六個步驟，洋洋灑灑寫了超過千字，但其實處理的時間前後不過二・一〇秒。六個步驟，在腦中不過一閃而過，因此要不斷練習以上六個要點，才能在面對的時候，自然的展現。

本章重點

兩秒鐘決勝負

步驟1：確認你真的生氣了

請你先確認自己產生負面情緒反應，並且尊重這個情緒反應。

步驟2：按下心中紅色警鈴

紅色警鈴代表警告裝置，會啟動自我防禦裝置，你可以接著進行自我舒緩動作。

步驟3：想想接下來該怎麼辦？

試著原諒顧客的粗魯或無理，讓自己的情緒先緩下來，才能冷靜思考下一步該怎麼做。

步驟4：要有自信

有自信的面對疑問。也請你想想你的團隊，展現當責精神。

步驟5：有所學習

讓自己的心情恢復，喘口氣，然後思考，經過這個事件，你的學習是什麼？

步驟6：自我激勵

請你犒賞自己，然後讓自己的情緒和今天的事情做切割。

Chapter 13 安撫顧客三步驟

最重要的是，安撫顧客的心情，沒有什麼事情比當下安撫顧客更重要；因為時間一旦錯過，就很難再彌補。

在我十幾年銷售和輔導經驗中，驚訝的發現，即使有經驗的人員，面對顧客的情緒反應時，第一個選擇和反應，都不是安撫，而是急著解釋，急著解釋事情的來由，想要讓顧客知道他們其實是誤會了，銷售人員甚至表達自己的委屈，因為事情真的和他們沒關係，他們很無奈。

但是顧客更無奈，顧客想花錢在我們身上，卻找不到可以說服自己的理由。顧客只不過想要聽聽看我們怎麼回應，但是我們不但沒有給顧客適合的答案，甚至還把情緒表露出來。

透過在外商集團的國外教材及經驗，我整理出三個處理顧客異議的步驟。這其中，有重要的顧客安撫話術。正如你所知道的，安撫顧客，是非常困難的事，我們就從安撫顧客開始。

接受顧客的心情

展現同理心，讓顧客感覺他的想法及意見被你接受。

展現同理心，讓顧客知道你在乎，你了解。你必須站在他的角度去感受他的心情。請牢記，是心情。請你去體會他的顫抖、生氣、懷疑，讓他的心情可以成為你的部分心情。

由於你和他的心情同步，因此我才能確定，你可以精準的表達他的情感及想法。

表現同理心的另一個意義是，讓顧客知道他的意見沒有被你排斥，你和他的想法一樣，都是自己人，如此，你才有機會爭取更多說明的機會，而讓顧客異議成為銷售的轉機。

在此我們提出一個在中文語言裡，相當有效的安撫話術：「**我了解，如果我是你……。**」

「我了解，如果我是你……」重點在第二句話，請你把你所感受到的顧客心情說出來，但是請留意，請選擇適當的詞彙，不要讓自己的安撫話術，成為顧客反擊的把柄。

由於這需要練習，因此列出幾個零售通路中常遇到的顧客異議，請看，如何運用「我了解，如果我是你……」

◎ 為什麼這麼貴！

「我了解，如果我是你，我也希望以實惠的價格買到自己喜歡的東西。」

◎ 為什麼這麼慢！

「不好意思，讓你久等了，我了解，如果我是你，我也希望能夠趕快買到期待已久的產品。」

◎ 為什麼你們沒有滿千送百的方案?別家就有！

「我了解，如果我是你，我也希望能夠在價格上給予優惠折扣。」

以上的同理心安撫話術，**重點在於，你說出顧客的心情**。對於聽的人而言，具有相當震撼性，因為，你讀出他的心聲，顧客正愁沒有人了解他的需求，知道他的心情。

請牢記，「我了解，如果我是你……」你必須依照當時的狀況，完成整段句子。意思是，這個話術只是個「啟動話術」，後續的描述必須由你依照經驗加以完成。

「啟動話術」（trigger sentence），英文原意指槍枝的觸發，意即，這個話術只是個開頭，目的是要你自行啟動同理心的描述。

我這樣賣海洋拉娜乳霜

我曾任職於至今仍非常喜歡的品牌，當時擔任公關暨教育訓練經理，必須面對記者的挑戰，以及銷售人員對於價格的遲疑，因為，海洋拉娜的經典乳霜，一瓶五百克，售價超過新台幣五萬元，記者不斷質疑乳霜的功用，銷售人員則心虛到不知道該怎麼面對顧客對價格的挑戰。總而言之，沒人敢賣這瓶這麼貴的保養品。

我一天中至少會聽到五次以上，質疑這個天價保養品的價值和價格。但是，我要求銷售人員「不談價格，只談價值」，事實上，經過三年的努力溝通，海洋拉娜乳霜成功在台灣開創出頂級保養品的市場，並且在每年的百貨公司週年慶，登上媒體版位，成為愛美女性的話題焦點。

重點在於，我們不斷運用說故事行銷：這個號稱神奇的抗老面霜來自於一位前任ＮＡＳＡ博士的自我燒燙傷藥膏，主要成分為加州南太平洋中的深海巨藻，一年只能採收兩次，且必須在滿月漲潮時擷取海藻的三分之一嫩芽，非常珍貴。

海洋拉娜乳霜在二〇一四年九月被美國商業內幕（Business Insider）網站納入全世界最昂貴的十九種物質中，排行第十二名的位子。

我的結論是，只要是真實的故事，往往撼動人心，這世界上一定有珍惜我們產品的顧客。

轉換顧客想法

安撫顧客之後，接下來最關鍵的，就是顧客想聽聽看你怎麼說明，畢竟，顧客會發出抗議或拒絕的聲音，是因為他希望了解事情到底狀況如何、我們要如何解決，以及企業的誠意在哪裡。

走到這個階段，你必須釋疑，進行澄清的動作，但是要留意，因為顧客仍帶有情緒，因此說話用詞必須儘量中性，且不要把公司的硬性做法，或是不得已的情況流露太多，以免立即造成顧客反感。畢竟，這是我們自己的問題，沒有必要讓顧客承受。

我舉兩個NG版讓你體會。

◎ **NG版 為什麼這麼貴！**

我了解，如果我是你，我也希望以實惠的價格買到自己喜歡的東西。可是這是公司規定的價錢，我也沒辦法，不然你參考這組，買一送一的好了，這些比較便宜。

另一個NG版也很常見。

NG版 為什麼這麼慢！

不好意思，讓你久等了，我了解，如果我是你，我也希望趕快買到期待已久的產品。

但是人這麼多，我也沒辦法，先來後到，要請你排隊，不然就會不公平。

如果你是這樣回應給顧客，我想，再多的無敵安撫話術都沒有用。我認為你的確在呈現事實，我相信公司真的這樣規定，我也知道你無法動價格。現場人很多，我曉得你的確為了公平，你得讓眼前這位顧客等待，但是，請你修飾你的用詞，收起你的無奈，那，只會讓人更火大。如果你不調整，吃虧是你自己，不但無法成交業績，而且得準備迎接顧客抱怨。

那要如何說明狀況，又可以讓顧客接受呢？

一樣的，我舉個例子說明。

OK版 為什麼這麼貴！

我了解，如果我是你，我也希望以實惠的價格買到自己喜歡的東西。

我相信我們提供的產品，價值絕對大於價格。對於你付的每一分錢，我們一定盡全力給你高品質的服務。

如何？

以上的對話，可以說明價格為什麼高，又兼顧企業的形象。當然，也要特別說明，在我所接觸的案例中，顧客喊著說貴，八〇%都是假訊號，顧客要的，只是想了解這麼高的價錢後面，到底代表了什麼價值？是專利技術？還是獨家商品？抑或是限時限量？你總要有個理由讓顧客可以花錢在你身上，但又不覺得自己是冤大頭。

請牢記，顧客什麼都吃，但，就是不吃虧。

我再舉個例子。

OK版 為什麼這麼慢！

不好意思，讓你久等了，我了解，如果我是你，我也希望能夠趕快買到期待已久的產品。

只是每位顧客需求，我們都希望不出錯，因此可能需要花點時間。不好意思，請你見諒。

◎ **OK版　為什麼你們沒有滿千送百的方案？別家就有！**

我了解，如果我是你，我也希望能夠在價格上給予優惠折扣。我們提出的優惠，都是真正回饋給顧客的價格優惠，但是服務和品質是絕對不會打折的。

◎ **OK版　給我會員價，我就買！**

我了解，如果我是你，我也希望能夠立刻擁有優惠折扣。如果你覺得產品還不錯，你這次購買後，我在我的權限內，立刻幫你加入會員，下次你的購買，就可以立刻享有會員優惠。

在此我特別說明價格有關的顧客異議。

當轉換顧客想法，或者針對顧客異議予以解釋時，我的原則是，我不會隨意在價格或優惠上讓步。理由很簡單，顧客如果認為他輕易就可以拿到折價，代表還可以再探底線，這對於成交是很危險的動作。

同時，我如果讓顧客不斷價格下探，同公司其他銷售人員很難服務這位顧客，價格不斷下殺，優惠不斷提供的條件下，顧客容易予取予求。成交了一次，但是後面的服務卻容易糾紛不斷。

我更要說明的是，我不希望高單價高價值的產品，被顧客挑戰。高收費，一定要有高收費的價值，這是我們在銷售時就要先想好的。不管價格多高，都有人買，重點是，你是不是站在顧客角度，去設想顧客的疑慮，給予產品更多使用的價值感。

永遠不要因為顧客提出價格疑慮，立刻輕易讓步。否則你是在告訴我，你是一個沒有自信的銷售人員，我不會跟你買任何東西。

要記住，買東西是一次的動作，後續的服務和維修，才是穩住銷售最重要的關鍵。

主動提出方法

最後階段，請你主動提出解決方案。

安撫了客戶，也婉轉的向顧客提出想法，但是問題還是在。因此請你依據你的專業，你的經驗，以及你的權限，主動向顧客提出解決方案。

請注意，重點是：「**主動**」，請你努力想辦法解決，目前的時間、資源、同事人力，誰可以協助你？不管如何，爛方法都比沒方法好，而且，你要在顧客開口要求前，就主動說出你的解決方案，千萬不要讓顧客先開口，因為他會取得主導權。請主動提出解決方案。

OK版 為什麼這麼貴！

- 我了解，如果我是你，我也希望以實惠的價格買到自己喜歡的東西。
- 我相信我們提供的產品，價值絕對大於價格。對於你付的每一分錢，我們一定盡全力給你高品質的服務。

1. 我幫你看看是否有其他優惠或變通的方法。（方案1）
2. 如果你相信我，請先留訂金，我幫你明天入帳，這樣就可以拿到明天的買千送百優惠，你覺得如何？（方案2）
3. 還是你可以邀請朋友一起購買，這樣我在電腦入帳時，就可以讓你立即擁有貴賓優惠方案。（方案3）
4. 如果你今天不為客廳換台冷氣，請問會有什麼困擾？如果是這樣，那真的建議你今天趁著過來一趟，可以省時間省油錢，一次就把客廳的冷氣問題解決。（方案4）

這四種解決方案，你可以單選或複選，重點是，請你依照專業，「主動」提出解決方案。我不斷的強調「主動」兩個字，是因為我希望你握有主導權，即使你多麼希望成交，也不要隨意說出：「那你想怎麼樣，我才能做你的這筆生意？」你把主導權交給顧客，把球做給顧客，一旦你失去發球權，可以預見的是，你會任顧客予取予求，即使這次勉為成交，但是顧客回頭機會少，你只是做單筆生意，騙騙自己這個月做到這筆業績罷了。

我們把這個章節的顧客異議對話完成，也讓各位讀者有更多素材可參考。

OK版　為什麼這麼慢！

- 不好意思，讓你久等了，我了解，如果我是你，我也希望能夠趕快買到期待已久的產品。
- 只是每位顧客需求，我們都希望不出錯，因此可能需要花點時間。不好意思，請你見諒。你稍等一下，我特別幫你看是否有其他方式可以加快速度好嗎？

OK版　為什麼你們沒有滿千送百的方案？別家就有！

- 我了解，如果我是你，我也希望能夠在價格上給予優惠折扣。

- 我們提出的優惠，都是真正回饋給顧客的價格優惠，但是服務和品質是絕對不會打折的。

1. 如果你是要送禮，你也可以考慮這款禮盒組，目前在週年慶期間有特別優惠，你可以參考。（方案1）
2. 你要不要考慮再多帶一個價值五百元的產品，不但可以參加我們滿千送百，而且還可以多拿到一個購物贈品袋。多花五百元，贈品回饋價值超過六百元，非常划算。（方案2）

（建議可二選一）

OK版　給我會員價，我就買！

- 我了解，如果我是你，我也希望能夠立刻擁有優惠折扣。
- 如果你覺得產品還不錯，你這次購買後，我在我的權限內，立刻幫你加入會員，下次你的購買，就可以立刻享有會員所有的優惠。
- 加入會員可以擁有1.免費水療ＳＰＡ；2.一年後免會費再入會員；3.免費會員晚餐優惠五次。請問你要哪一種優惠？

顧客異議，代表顧客的拒絕或暫停訊號，對銷售最大的意義是，顧客因為對購買產生正面態度，因此開始在價格、品質、服務挑剔，身為銷售人員，你所能做的，就是掌握好自己，了解顧客的需求，正面迎向他，滿足他的需求。

本章重點

安撫顧客三步驟

1. 接受顧客心情：站在顧客角度去感受，請適當的使用安撫話術：「我了解，如果我是你……」
2. 轉換顧客想法：你必須釋疑，對顧客進行澄清的動作，說話用詞保持中性，讓顧客感受我們的誠意。
3. 主動提出方法：請你根據你的專業、經驗以及權限，主動向顧客提出解決方案，以解決顧客心中的疑問。

絕對成交勝經
讓三個月新人擁有三年銷售功力

作　　者	張敏敏
商周集團榮譽發行人	金惟純
商周集團執行長	郭奕伶
視覺顧問	陳栩椿
商業周刊出版部	
總 編 輯	余幸娟
責任編輯	羅惠馨
封面、內頁照片提供	張敏敏
封面、內頁設計、排版	巫麗雪
出版發行	城邦文化事業股份有限公司 - 商業周刊
地　　址	104 台北市中山區民生東路二段 141 號 4 樓
傳真服務	（02）2503-6989
劃撥帳號	50003033
戶　　名	英屬蓋曼群島商家庭傳媒股份有限公司城邦分公司
網　　站	www.businessweekly.com.tw
製版印刷	中原造像股份有限公司
總 經 銷	高見文化行銷股份有限公司 電話：0800-055365
初版 1 刷	2015 年（民 104 年）3 月
初版 7 刷	2020 年（民 109 年）5 月
定　　價	320 元
ISBN	978-986-6032-84-4

國家圖書館出版品預行編目資料

絕對成交勝經：讓三個月新人擁有三年銷售功力
/張敏敏著. -- 初版. --
臺北市：城邦商業周刊，民104.03
面；　公分
ISBN 978-986-6032-84-4(平裝)
1. 銷售　2. 顧客關係管理
496.5　104002151

商周學院

視野、膽識、思考力，競爭未來的學習